ケーススタディと
事例に学ぶ
SDGsとISO

SDGsを
ISO 14001/9001
で実践する

黒柳 要次 著

JN093017

日本規格協会

ま え が き

　「持続可能な開発（Sustainable Development）」の概念は，1987年の「環境と開発に関する世界委員会（ブルントラント委員会）」で初めて提唱された．この概念は，2015年9月に国連サミットで採択された「持続可能な開発のための2030アジェンダ」における「持続可能な開発目標（SDGs）」につながっている．SDGsは，持続可能でよりよい世界を目指すための2030年までの国際目標であり，本書のメインテーマである．

　2015年はSDGsの採択のほかに，パリ協定の採択，ISO 14001:2015とISO 9001:2015の改訂があった．SDGs，パリ協定と人類が持続するために取り組むべき目標（ゴール）が設定され，組織においては，ISO 14001/9001改訂によってゴールに取り組むための方法が示された．いわば，持続可能な開発に取り組むための両輪（ゴール）とエンジン（ISO）が示されたのである．

　その後，日本を含む各国において2050年温室効果ガスの排出量実質ゼロの目標が設定され，投資では環境・社会・ガバナンスを考慮するESG投資が広がり，組織に対する持続可能な開発への貢献要請はますます強まっている．

　変化への対応は，組織が持続するために必要であり，適切な対応は組織を発展させることができる．社会が持続することは組織が成り立つための基盤であり，持続可能な開発への貢献は組織の持続可能性も高める．組織がSDGsに取り組むことは，社会への貢献のみならず，組織が持続するためにも必要なことである．

　本書は，ISO 14001/9001を導入している組織がSDGsに取り組むための方法を示しており，次の六つの章で構成されている．SDGsに取り組むツールとしてSDGコンパスを紹介し，ISO導入組織における使い方を提唱している．SDGsをこれから知りたい方から，SDGsへの取組みを考えている方まで幅広い読者に役立つような構成としている．

4

第1章　SDGsとは

第2章　SDGコンパスとは

第3章　SDGsにどう取り組むか

第4章　SDGコンパスを使ったSDGsのISOへの展開

第5章　SDGsへの企業の取組み

第6章　SDGs関連資料

　本書がSDGsへの取組みを考えているISO 14001/9001を導入した組織の方々に，少しでも参考になれば幸いである．

　最後になるが，SDGsの日本語訳，SDGコンパス，事例掲載を許諾していただいた組織や企業の方々にあらためて感謝したい．

2021年1月

黒柳　要次

目　　次

第3章　SDGs にどう取り組むか

第4章　SDG コンパスを使った SDGs の ISO への展開

第 5 章　SDGs への企業の取組み

第 6 章　SDGs 関連資料

第1章　SDGs とは

　本章は，SDGs が策定された経緯，狙い，内容，特徴などを解説し，SDGs
への理解を高めることを目的とする．

1.1　SDGs の概要

　持続可能な開発目標（SDGs）は，2015 年 9 月の国連サミットで採択され
た「持続可能な開発のための 2030 アジェンダ」に記載されており，2030 年
までに持続可能でよりよい世界を目指すための国際目標である．SDGs は
「Sustainable Development Goals（持続可能な開発目標）」の略称であり，17
のゴール（目標）と 169 のターゲット（達成目標とその実現のための方法）
から構成されており，一般的に SDGs はエスディージーズと読まれる．図 1.1
に，17 のゴールに対応する個別のアイコンを示す．

　SDGs は 2001 年に策定された国連ミレニアム開発目標（Millennium Devel-
opment Goals：MDGs）の後継となる目標であり，各国政府，大学，企業，
団体が参加し，約 3 年間の期間を経て策定された．

図 1.1　SDGs の 17 のゴールに対応する個別のアイコン
[出典：国際連合広報センター（unic.or.jp）]

SDGs は，次の五つの点を重視している．

① 普遍性

前身の MDGs は開発途上国向けの開発目標（貧困・飢餓，初等教育，女性，乳幼児，妊産婦，疾病，環境，連帯）として設定されていたが，SDGs は先進国，開発途上国のすべての国がそれぞれの立場で実行できる．

② 包摂性

包摂とは，一定の範囲に包み込むことであり，排除とは逆の意味になる．SDGs では「だれ一人取り残さない」ことを誓っており，すべての国のすべての人を対象にしている．

③ 参画型

SDGs の達成のため，すべての国及びすべてのステークホルダーに果たせる役割がある．国だけでなく，企業，団体，有識者，個人などの参画を求めている．MDGs は主に国が参加するためのものであり，大きな違いがある．

④ 統合性

SDGs として掲げられている各ゴールは相互に不可分なものであり，世界全体の経済，社会及び環境の三側面を調和させる統合的取組みが示されている．したがって，一つのゴールの達成への取組みが，他のゴールの達成にもつながっている．

⑤ 透明性

モニタリング指標を定め，定期的にフォローアップし，評価・公表することになっている．

1.2　持続可能な開発の背景と経緯

SDGs を日本語にすると持続可能な開発目標になるが，それでは「持続可能な開発」とはどういう意味なのだろうか．国際社会における持続可能な開発に関連する経緯を示したのが表 1.1 である．

表 1.1　持続可能な開発に関連する経緯

年	出来事
1972	ローマクラブ「成長の限界：The Limits to Growth」国連人間環境会議・ストックホルム宣言：「かけがえのない地球（Only One Earth）」
1987	**環境と開発に関する世界委員会（ブルントラント委員会）で「持続可能な開発（Sustainable Development）」提唱**
1990	持続可能な開発のための経済人会議（BCSD*→後に WBCSD**）発足
1991	ISO が BCSD（WBCSD）の要請を受けて，環境管理について審議するグループを設置
1992	**国連環境会議（地球サミット）で「リオ宣言」採択**
1996	ISO 14001:1996 発行
2001	国連ミレニアムサミットで「ミレニアム開発目標」採択
2004	**ISO 14001:2004 発行**
2005	京都議定書発効
2010	ISO 26000（社会的責任ガイドライン）発行
2012	リオ + 20（持続可能な開発会議）で「我々の求める未来（The Future We Want）」採択
2014	気候変動に関する政府間パネル（IPCC）第 5 次報告書
2015	**SDGs 採択** パリ協定採択 **ISO 14001:2015，ISO 9001:2015 の発行**

*　　BCSD：Business Council for Sustainable Development
**　WBCSD：World Business Council for Sustainable Development，持続可能な開発のための世界経済人会議

　持続可能な開発という概念は，1987 年，環境と開発に関する世界委員会（通称，ブルントラント委員会）の報告書「我ら共有の未来（Our Common Future）」で提唱された．この定義は「将来の世代の欲求を満たしつつ，現在の世代の欲求も満足させるような開発」であり，"欲求" を "ニーズ"，"開発"を "発展" と置き換えると理解しやすい．現在の世代が次の世代には地球温暖化など負の遺産を押し付けないようにし，次の世代もまた次の世代へと同様に継続すれば，社会は "持続可能" との考えである．環境と開発を互いに反するものではなく共存し得るものであり，環境保全を考慮した節度ある開発が重要

との考えに立っている.

　この持続可能な開発を実現するため，1992 年にブラジルのリオ・デ・ジャネイロで国連環境会議（通称，地球サミット）が開催され，指針や理念を示したリオ宣言が採択された.

　地球温暖化対策としては，2014 年に，気候変動に関する政府間パネル（Intergovernmental Panel on Climate Change：IPCC）第 5 次報告書が公表され，地球温暖化は疑う余地がなく，その主要因が人為的なものであることが示された.　これを受けて，世界の 196 か国が参加する枠組みとしてパリ協定が2015 年に採択され，世界の平均気温上昇を産業革命以前と比較して 2℃ より十分低く保つという "2℃ 目標"，及び 1.5℃ に抑える努力をすることが合意された.　2015 年は SDGs の採択，パリ協定採択，さらに ISO 14001:2015 の発行と，環境に関する重要な動きが集中した年となっている.　SDGs，パリ協定が社会を変えるための両輪であるならば，ISO はこれを推進するためのエンジンといえるだろう.

1.3　SDGs の内容

1.3.1　SDGs のゴールとターゲットの解説

　SDGs は 17 のゴールと 169 のターゲットからなる.　次に示す（1）から（17）の表は SDGs のアイコン，ゴール，ターゲット（概要）を整理したものである.これらのターゲットは，各ゴールを理解するため概要を記述している.　ゴールで大枠を理解し，ターゲットで具体的な理解を深めるとよいだろう.　なお，169 のターゲットは，"1.1" のようにナンバリングされたもの（達成目標），"1.a" のように数字と英字の組合せのもの（実現のための方法）がある.　ここでは，企業などに関連性が高い数字のみで示されたものに絞っている.

　また，SDGs は「持続可能な開発のための 2030 アジェンダ」の一部であり，多くのターゲットは 2030 年（あるいは，2020 年など）を到達年にしている.ここでは，2030 年のターゲット到達年や，いくつかのゴールやターゲットに

つく注釈は省略している．より詳細に知りたい場合は，6.6 節（127 ページ）の「持続可能な開発目標（SDGs）とターゲット（新訳）」を参照されたい．

なお，本書に掲載する SDGs のアイコンやロゴ，ゴール，ターゲットは，国連本部の作成及び国際連合広報センター（unic.or.jp）による翻訳であり，ゴールとターゲットの日本語訳は "「SDGs とターゲット新訳」制作委員会"［事務局：慶應義塾大学 SFC 研究所 xSDG・ラボ（xsdg.jp）]によるものである．

SDGs は多様な内容を含んでおり，ゴールだけでも 17 と数が多く，全体像が理解しにくい．一方，数が多いため，企業が事業活動を行い，社会に製品，サービスを提供していれば，どこかに関連する．このため，あらゆる企業がSDGs に取り組むことが可能となっている．

自社の事業と SDGs のゴールがどう関連しているかを把握するには，ターゲットの内容を確認するとよい．ターゲットには国際社会レベル，国レベルで達成すべきものが多く，企業として貢献できることも多くある．

SDGs は開発途上国に関連することも多く，自社と直接的には関連しないと感じられるかもしれない．一方，世界の状況を理解し，自社が何か貢献できることはないか検討することは重要である．

表に続く解説は，日本及び国内企業にとって，ゴールとターゲットにどのように関連しているかに重点をおいて記述している．

（1）貧困をなくそう

アイコン	ゴール	ターゲット（概要）
1 貧困をなくそう	（貧困）[*1] あらゆる場所で，あらゆる形態の貧困を終わらせる	1.1 極度の貧困を終了 1.2 各国定義の貧困を半減 1.3 社会保護制度による貧困層等の保護 1.4 貧困層等の経済的資源に対する平等な権利の確保 1.5 貧困層等のレジリエンス[*2]の向上

[*1] （1）から（17）の各ゴールの欄の冒頭にあるかっこ書きの表記は，筆者による．
[*2] レジリエンス：回復力，立ち直る力，復元力，耐性，しなやかな強さなどを意味する．「レジリエント」は形容詞．（「新訳」より）

■解　説

　ゴール1は，あらゆる場所のあらゆる形の貧困をなくすことなどを目指している．世界銀行では1日1.9ドル未満で生活している極度の貧困者は2015年時点で7億3600万人であり，世界人口の約10％と公表している．日本の「国民生活基礎調査」によると，2015年の日本の貧困率は15.6％（相対的貧困率[3]）となっている．貧困は遠い国の話ではない．また，貧困をなくすことにはターゲット1.4にあるように，教育や医療などの基礎的サービス，財産等所有・相続権の所有，金融サービスなどを受けられるようにすることが含まれている（129ページ）．

(2) 飢餓をゼロに

アイコン	ゴール	ターゲット（概要）
2 飢餓を ゼロに	（飢餓）飢餓を終わらせ，食料の安定確保と栄養状態の改善を実現し，持続可能な農業を促進する	2.1 飢餓を撲滅 2.2 あらゆる栄養不良を解消 2.3 小規模食料生産者の生産性と所得倍増 2.4 レジリエントな農業の実践 2.5 遺伝資源からの利益の公正・公平な配分

■解　説

　ゴール2は，飢餓を終わらせ，すべての人が栄養ある食事をとることができ，そのために持続可能な農業を推進することなどを目指している．国連WFP（World Food Programme：世界食糧計画）の報告書「世界の食料安全保障と栄養の現状」によると，2018年は推計8億2000万人が十分な食料を得ることができなかったとしている．

　持続可能な農業としてターゲット2.4では，「そのような農業は，生産性の向上や生産量の増大，生態系の維持につながり，気候変動や異常気象，干ばつ，洪水やその他の災害への適応能力を向上させ，着実に土地と土壌の質の改善す

---

[3]　相対的貧困とは，世帯の所得がその国の等価可処分所得の中央値の半分（貧困線）に満たないことをいう．日本の相対的貧困率は先進7か国の中では，米国に次いで高い．

る.」とある（130 ページ）. 国内でも, 気候変動や自然災害によって農業の安
定的な生産に支障が出始めている. また, 日本の 2019 年食料自給率（カロ
リーベース）は 38％であり, 国内に限らず世界の持続可能な農業の達成が必
要である.

　持続可能な農業は, 環境負荷の低減にも貢献する. 過剰な化学肥料の使用は
費用もかかり, 水質汚染を生み, 温室効果ガスである一酸化二窒素を発生させ
る. たい肥など, 自然由来の肥料の使用は, 過剰な化学肥料使用による弊害を
低下させ, 地力の維持・回復にもつながる.

(3) すべての人に健康と福祉を

アイコン	ゴール	ターゲット（概要）
3 すべての人に 健康と福祉を	（健康な生活）あらゆる年齢のすべての人々の健康的な生活を確実にし, 福祉を推進する	3.1 妊産婦死亡率を 70 人 / 出生 10 万人未満に削減 3.2 新生児・5 歳未満児の予防可能な死を根絶 3.3 エイズ・結核等を根絶 3.4 非感染性疾患による若年死亡率を 1/3 減 3.5 麻薬・薬物乱用や有害なアルコール摂取の防止を強化 3.6 交通事故死傷者数を半減 3.7 性と生殖に関する保健サービスの提供 3.8 支払い可能な費用での医療の提供 3.9 有害化学物質や大気汚染等による死亡・疾病数の減少

■解　説

　ゴール 3 は, すべての人が健康で, 病気を予防でき, 適切な治療を受けら
れることなどを目指している. 健康であることには, 薬物等依存, 交通事故,
化学物質・大気・水・土壌汚染からの被害がないことが含まれている.

　2020 年に世界中で起こった新型コロナウイルスによる被害は, 人の健康,
経済に重大な影響を与えた. ゴール 3 はこうした感染症を予防し, 罹患した
場合には, きちんと治療を受けることができる社会を目指すことを含んでいる.
企業のおける労働安全に関連する交通事故はターゲット 3.6, 環境への取組み

はターゲット 3.9 に関連している.

　日本では,有害化学物質,大気・水質・土壌への汚染は法令で規制されている.加えて,水銀,PCB,アスベストなどの有害物への規制はますます厳しくなっている.国内外での規制を確実に順守し,健康被害を起こさないことは,企業として最低限の義務である.

（4）質の高い教育をみんなに

アイコン	ゴール	ターゲット（概要）
4 質の高い教育を みんなに	（教育）すべての人々に,だれもが受けられる公平で質の高い教育を提供し,生涯学習の機会を促進する	4.1 すべての少女・少年が初等・中等教育を修了 4.2 少女・少年の初等教育に備え,乳幼児向けの発達支援やケア,就学前教育の提供 4.3 技術・職業教育,高等教育の平等な提供 4.4 労働・起業技能をもつ人の数を大幅増加 4.5 社会的弱者への教育・職業訓練の平等な提供 4.6 大多数の人が読み書き・計算能力を習得 4.7 すべての学習者が持続可能な開発のための知識・スキルを習得

■解　説

　ゴール 4 は,だれもが学校教育を受け,職業教育によって技能を上げ,さらに,持続可能な開発を促進するための教育を受けることなどを目指している.ゴール 1 とも関連するが,世界では貧困,紛争,災害によって教育を受けられないことも多い.ユネスコ（UNESCO：United Nations Educational, Scientific and Cultural Organization, 国際連合教育科学文化機関）によると,文字の読み書きができない人が世界で約 7 億 5 000 万人（世界の 15 歳以上の 6 人に 1 人）いる.

　企業にとっては,ターゲット 4.1 の学校教育への貢献,ターゲット 4.4 の職業教育の実施,さらに,ターゲット 4.7 の持続可能な開発に貢献できる人材の育成が注目される.

（5）ジェンダー平等を実現しよう

アイコン	ゴール	ターゲット（概要）
5 ジェンダー平等を実現しよう	（ジェンダー）ジェンダー平等を達成し，すべての女性・少女のエンパワーメントを行う	5.1 すべての女性・少女へのあらゆる差別の撤廃 5.2 すべての女性・少女へのあらゆる暴力の排除 5.3 児童婚・早期結婚等のあらゆる有害慣行の撤廃 5.4 無報酬の育児・介護・家事労働の認識と評価 5.5 政治・経済・公共分野への女性参画等 5.6 性と生殖に関する健康・権利の入手

■**解　説**

　ゴール5は，女性・女児におけるあらゆる種類の差別，不公平，暴力，搾取をなくすことなどを目指している．世界各国の議会で構成する「列国議会同盟」（Inter-Parliamentary Union：IPU）によると，日本の女性国会議員比率（衆院）は 10.2％で，193 か国中 165 位だった．また，国際労働機関（International Labour Organization：ILO）によると，2018 年に世界の管理職に占める女性の割合は 27.1％であるのに対して，日本は 12％と，主要先進 7 か国（Group of Seven：G7）で最下位である．

　企業の人材活用の面からも，ターゲット 5.5 にある「あらゆるレベルの意思決定において，完全で効果的な女性の参画と平等なリーダーシップの機会を確保する．」は重要である（134 ページ）．

（6）安全な水とトイレを世界中に

アイコン	ゴール	ターゲット（概要）
6 安全な水とトイレを世界中に	（水）すべての人々が水と衛生施設を利用できるようにし，持続可能な水・衛生管理を確実にする	6.1 すべての人々の安全・安価な飲料水の利用 6.2 すべての人々の下水・衛生施設の利用 6.3 再生利用等による水質の改善 6.4 水の利用効率を改善 6.5 統合水資源管理を実施 6.6 水系生態系の保護・回復

■解　説

　ゴール6は，すべての人が安全な水を使えるようにし，排水を処理し，水質を管理することなどを目指している．地球上の水の97.5％が海水であり淡水は2.5％である．その淡水2.5％のうち，河川や湖沼にあり，人間が利用できるのは，わずか0.4％である．世界の水は偏在しており，安全な水・衛生施設が利用できない人は，主にアジア，アフリカ地域に集中している．気候変動によって干ばつと洪水の増加も予想されている．

　食料の輸入国である日本は，間接的に水資源を多く使用している．この間接的な水資源はバーチャルウォーターと呼ばれ，食料を輸入している国において，もしその輸入食料を生産するとしたらどの程度の水が必要かを推定したものである．世界の水資源を安定的に利用できることは，日本にとても重要である．

　企業としては，ターゲット6.3の水質の改善，ターゲット6.4の水の効率的利用，ターゲット6.6の水に関する生態系保護と関連するところは多い．

(7) エネルギーをみんなに　そしてクリーンに

アイコン	ゴール	ターゲット（概要）
7 エネルギーをみんなに そしてクリーンに	（エネルギー）すべての人々が，手頃な価格で信頼性の高い持続可能で現代的なエネルギーを利用できるようにする	7.1 すべての人々が現代的エネルギーを普遍的に利用可能 7.2 再生可能エネルギーを大幅に拡大 7.3 世界のエネルギー効率の改善率を倍増

■解　説

　ゴール7は，すべての人が，電気・ガスなどのエネルギーを安い価格で利用でき，再生可能エネルギーを増やし，エネルギー効率を改善することを目指している．日本においては，再生可能エネルギーによる発電量は，一定の期間・価格で電気事業者の買取を義務づけた固定価格買取制度（FIT制度）があり，2019年度で19.2％と，増加傾向にある．

　企業にとってもターゲット7.2に関連し，再生可能エネルギーの利用，ター

ゲット 7.3 に関連し，製造工程・オフィスなどの自社の省エネ，製品の省エネ化，省エネにつながるサービスなど，主要な環境活動に関連する．

(8) 働きがいも 経済成長も

アイコン	ゴール	ターゲット（概要）
8 働きがいも 経済成長も	（雇用） すべての人々にとって，持続的でだれも排除しない持続可能な経済成長，完全かつ生産的な雇用，働きがいのある人間らしい仕事（ディーセント・ワーク）を促進する	8.1 一人あたりの経済成長率の持続 8.2 より高レベルの経済生産性の達成 8.3 中小零細企業の設立・成長の促進 8.4 経済成長から環境悪化を分離 8.5 働きがいある人間らしい仕事の実現，同一労働同一賃金の達成 8.6 就学・就労・職業訓練を行っていない若者の割合の削減 8.7 強制労働の廃止とあらゆる児童労働の撲滅 8.8 すべての労働者の権利保護・安全な環境の促進 8.9 持続可能な観光業を推進する政策の立案・実施 8.10 銀行・保険・金融サービスへの利用拡大

■解 説

ゴール 8 は，環境を悪化させずに経済成長を目指している．8.1，8.2，8.3 は経済成長に関連するターゲットである．これまでの社会は経済成長に伴って，エネルギー消費は増え，環境汚染も増えてきており，これからはデカップリングの考え方が重要である．デカップリングという考え方は，経済成長を維持しつつ，エネルギー消費，環境負荷を削減する，すなわち両者を“切り離す”というものである．ターゲット 8.4 の経済成長と環境悪化を分離は，この考え方に基づいている．

例えばドイツでは，過去 20 年間，高い経済成長を続けながら，一次エネルギー消費や温室効果ガスを減らしている．企業にとっても，デカップリングの考え方は重要である．

また，ターゲット 8.5 の働きがいのある人間らしい仕事（ディーセント・ワーク），ターゲット 8.8 のすべての労働者の権利を保護，安全安心な労働環境を

促進は，すべての企業に関連する重要なターゲットである（136, 137 ページ）.

（9）産業と技術革新の基盤をつくろう

アイコン	ゴール	ターゲット（概要）
9　産業と技術革新の基盤をつくろう	（インフラ）レジリエントなインフラを構築し，だれもが参画できる持続可能な産業化を促進し，イノベーションを推進する	9.1 質が高く信頼性があり持続可能でレジリエントなインフラの開発 9.2 だれもが参画できる持続可能な産業化の促進 9.3 小規模製造業等の金融サービスや市場の提供 9.4 資源利用効率の向上，環境に配慮した技術・産業プロセス導入によるインフラ・産業改善 9.5 イノベーション，研究開発の促進

■解　説

　ゴール 9 は，すべての人が安価に利用できる持続可能で災害に強いインフラの整備，環境に配慮した持続可能な産業発展，イノベーションと技術開発を目指している．国内においても地球温暖化の影響があり，1 時間当たりの降水量が 50 mm を上回る大雨の発生件数は，この 30 年間で約 1.4 倍に増加し，河川氾濫，土砂災害，道路網の寸断などに大きく影響している．今後，温暖化が続く中で，災害に強いインフラの整備は重要である．

　ターゲット 9.4 は環境に配慮し，効率的で持続可能な産業の発展，ターゲット 9.5 はイノベーション，研究開発の促進であり，企業に直接関連する内容である．

（10）人や国の不平等をなくそう

アイコン	ゴール	ターゲット（概要）
10　人や国の不平等をなくそう	（不平等是正）国内および各国間の不平等を減らす	10.1 各国所得下位者の所得を平均以上に増加 10.2 すべての人々の社会的・経済的・政治的に参画する力の付与 10.3 差別的な法律・政策・慣行の撤廃等による機会均等 10.4 政策による平等の拡大

アイコン	ゴール	ターゲット（概要）
		10.5 金融市場・機関に対する規制とモニタリングの改善 10.6 経済・金融における国際機関への開発途上国の参加 10.7 秩序のとれた，安全・正規で責任ある移住の促進

■解　説

　ゴール 10 は，世界の国内及び国と国の間の不平等をなくすことを目指している．グローバルな展開をしている企業ならば，人事制度，賃金体系などで考慮すべきことである．また，国内企業では，社員，臨時雇用，外国人労働者など，立場の違いでの不平等をなくすことである．

（11）住み続けられるまちづくりを

アイコン	ゴール	ターゲット（概要）
11 住み続けられるまちづくりを	（安全な都市）都市や人間の居住地をだれも排除せず安全かつレジリエントで持続可能にする	11.1 すべての人々の安全・安価な住宅等の提供とスラムの改善 11.2 すべての人々が使いやすい持続可能な輸送システムの提供 11.3 だれも排除しない持続可能な都市化の促進 11.4 文化・自然遺産の保護・保全の取組みの強化 11.5 水関連災害を含めた災害による死者・罹災者数の削減 11.6 都市の一人あたりの環境上の悪影響の軽減 11.7 だれもが使いやすい緑地・公共スペースの提供

■解　説

　ゴール 11 は，すべての人が安全で住みやすい家，電気，水などの基本的サービスを受けることを目指している．アジア，アフリカの開発途上国では，都市化が急速に進んでおり，都市人口は全世界人口の約 54％ を占めている．

急激な都市化は，貧困，社会経済的格差，環境悪化，持続不可能な消費と生産など，SDGsの他のゴールにマイナスとなることが多い．

　日本国内においては，ターゲット11.5の災害による被害の削減，ターゲット11.6の都市における環境問題が強く関連する．都市における環境問題には，交通機関による大気汚染，感覚公害（騒音，振動，悪臭），ヒートアイランド現象，都市型洪水，光害，都市の廃棄物などがある．国内の大気汚染物質としては，中国から飛来しているといわれるPM2.5（微小粒子状物質），VOC（揮発性有機化合物）が原因物質の一つである光化学オキシダント（光化学スモッグの原因物質）が近年問題となっている．

（12）つくる責任 つかう責任

アイコン	ゴール	ターゲット（概要）
12 つくる責任 つかう責任 ∞	（持続可能な生産・消費）持続可能な消費・生産形態を確実にする	12.1「持続可能な消費と生産に関する10年計画枠組み（10YFP）」の実施 12.2 天然資源を持続可能に利用 12.3 世界の一人あたりの食品廃棄を半減 12.4 化学物質・廃棄物の環境に配慮した管理の実現 12.5 廃棄物の発生を3R等により大幅に削減 12.6 企業に対する持続可能な取り組みと持続可能性に関する情報の定期報告の推奨 12.7 持続可能な公共調達の取り組みの促進 12.8 人々への持続可能な開発等のための情報取得の意識付け

■解　説

　ゴール12は，すべての国における生産と消費の過程全体での持続可能性を目指している．ターゲットでは，天然資源の持続可能な利用，世界の食品廃棄物半減，化学物質・廃棄物の管理による汚染の削減，廃棄物の発生削減など環境に関する具体的な取組みを定めている．また，ターゲット12.6で持続可能性に関する企業情報の公開があり，ターゲット12.8の持続可能な開発に関する意識づけは環境教育に関連する．

ISO 14001 に取り組んでいる組織にとって，本ゴールに関連することは多い．特に，ライフサイクルでの環境側面を管理又は影響を及ぼすことは，本ゴールの達成に大いに関連する．ISO 9001 に取り組んでいる組織にとっても，不適合品削減，製品化学物質管理，原材料ロス削減などを通じて本ゴールに関連することは多い．

(13) 気候変動に具体的な対策を

アイコン	ゴール	ターゲット（概要）
13 気候変動に具体的な対策を	（気候変動）気候変動とその影響に立ち向かうため，緊急対策を実施する	13.1 気候・自然災害に対するレジリエンスと適応力の強化 13.2 気候変動対策の国の政策等への統合 13.3 気候変動への緩和・適応策や人・組織の対応能力等の改善

■解　説

ゴール 13 は，すべての国が気候変動対策に取り組み，気候変動による災害に強靭性と適応力をもつことを目指している．ターゲット 13.3 では，気候変動の緩和・適応などへの理解と能力を高めることを目指している．IPCC（気候変動に関する政府間パネル）第 5 次報告書では，世界の平均地上気温は 1880 年〜2012 年で 0.85℃上昇している．パリ協定の 2℃目標まで，あと 1.15℃しかない．

パリ協定に基づく「日本の約束草案」では，日本は温室効果ガスを 2030 年度までに 2013 年度比 26％削減としている．また国としては，2050 年度までに温室効果ガス排出量実質ゼロとすることが表明されている．

気候変動は現在人類最大のリスクとなっている．多くの企業において，活動の省エネ，製品の省エネ化などを通じて気候変動に取り組んでいる．省エネの活動は，エネルギー効率の改善ではゴール 7 に関連し，気候変動への貢献ではゴール 13 に関連する．一つの活動が複数の SDGs のゴールに関連することは多い．

（14）海の豊かさを守ろう

アイコン	ゴール	ターゲット（概要）
14 海の豊かさを守ろう	（海洋）持続可能な開発のために，海洋や海洋資源を保全し持続可能な形で利用する	14.1 海洋汚染を大幅に削減 14.2 海洋・沿岸の生態系の保護と回復のための取組み 14.3 海洋酸性化の影響の最小限化 14.4 水産資源の最大持続生産量レベルまでの回復 14.5 沿岸域・海域の少なくとも 10%の保全 14.6 過剰漁獲等につながる漁業補助金の撤廃 14.7 小島嶼開発途上国等における海洋資源の持続的利用による経済的便益の拡大

■**解 説**

　ゴール 14 は，海洋汚染をなくすこと，海の生態系を回復すること，水産物資源の持続可能性を目指している．今，大きな問題となっている海洋プラスチックはターゲット 14.1 にある．世界経済フォーラムの報告書（2016 年）では，2050 年までに海洋中に存在するプラスチックの重量が魚の重量を超過すると予測している．

　日本は，「プラスチック資源循環戦略」（2019 年）で，プラスチックの 3R＋ Renewable（再生利用）を対策として示している．企業は，さまざまな場面でプラスチックを多用しており，使用量の削減，自然由来材料への変更，生分解性プラスチック利用などの対応が求められている．

（15）海の豊かさを守ろう

アイコン	ゴール	ターゲット（概要）
15 陸の豊かさも守ろう	（生態系・森林）陸の生態系を保護・回復するとともに持続可能な利用を推進し，持続可能な森林管理を行い，砂漠化を食い止め，土地劣	15.1 陸域・内陸淡水生態系の保全・回復と持続可能な利用 15.2 森林の持続可能な利用の実現 15.3 砂漠化に対処 15.4 山岳生態系の保全 15.5 絶滅危惧種保護と絶滅防止の緊急対策の実施

アイコン	ゴール	ターゲット（概要）
	化を阻止・回復し、生物多様性の損失を止める	15.6 遺伝資源の公正・公平な配分 15.7 保護対象動植物種の密猟・違法取引への緊急対策の実施 15.8 外来種の侵入防止・駆除と優占種の制御 15.9 生態系・生物多様性の価値の国・地域の戦略・会計への組込み

■解　説

ゴール 15 は、陸域（森林、湿地、山地、乾燥地等）及び淡水域にある生態系を守ることを目指している。世界の陸上面積の約 3 割が森林であり、森林は陸域の約 8 割の生物種に生きる場を提供している。

人は"自然の恵み"によって生存しており、生態系の維持は、人類存続の基本である。国連環境計画は自然の恵みを四つのサービスに分けている。食料、淡水、木材、繊維、燃料などを提供する"供給サービス"、気候変動抑制、洪水抑制などの自然災害の軽減、水の浄化などの"調整サービス"、自然景観、自然教育、レクリエーションなどの"文化的サービス"、光合成による酸素の供給、栄養塩類の循環、土壌形成などの"基盤サービス"である。生態系の危機によって、自然の恵みが狭まることは人類の生存に重大な影響を与える。

（16）平和と公正をすべての人に

アイコン	ゴール	ターゲット（概要）
16 平和と公正をすべての人に	（法の支配等）持続可能な開発のための平和でだれをも受け入れる社会を促進し、すべての人々が司法を利用できるようにし、あらゆるレベルにおいて効果的で説明責任がありだれも排除しないしくみを構築する	16.1 あらゆる暴力と暴力による死亡率を大幅に減少 16.2 子どもへの虐待・搾取・暴力等を撲滅 16.3 法の支配の促進と司法の平等な利用 16.4 あらゆる組織犯罪を根絶 16.5 あらゆる汚職・贈賄の大幅な減少 16.6 効果的・説明責任性・透明性の高いしくみの構築 16.7 迅速性・だれも排除しない・参加型・代議制の意思決定の保障 16.8 国際機関への開発途上国参加の拡大・

アイコン	ゴール	ターゲット（概要）
		強化 16.9 法的な身分証明をすべての人々に提供 16.10 情報の利用と基本的自由の保護

■解　説

　ゴール16は，世界中のあらゆる暴力，それに伴う死亡をなくすことを掲げている．日本企業でグローバルな調達を行っている場合，ターゲット16.2にある調達先での児童労働がないことを確認することが必要である．

（17）パートナーシップで目標を達成しよう

アイコン	ゴール	ターゲット（概要）
17 パートナーシップで目標を達成しよう	（パートナーシップ）実施手段を強化し，「持続可能な開発のためのグローバル・パートナーシップ」を活性化する	17.1 課税及び徴税能力の向上 17.2 先進国のODAに関する公約の完全実施 17.3 開発途上国のための追加的資金の調達 17.4 開発途上国の長期債務の持続可能性の実現 17.5 後発開発途上国のための投資促進枠組みの導入 17.6 科学技術イノベーションの強化や知識の国際共有の促進 17.7 開発途上国に有利な条件で環境配慮技術の開発等を促進 17.8 後発開発途上国におけるICT等の活用強化 17.9 開発途上国におけるSDGs実施能力の構築支援 17.10 公平な多角的貿易体制の推進 17.11 開発途上国による輸出の大幅な増加 17.12 後発開発途上国に無税・無枠の市場アクセスの導入 17.13 世界的なマクロ経済の安定性の向上 17.14 持続可能な開発のための政策の一貫性強化 17.15 各国の政策決定余地とリーダーシップの尊重

アイコン	ゴール	ターゲット（概要）
		17.16「持続可能な開発のためのグローバル・パートナーシップ」の強化 17.17 公的・官民・市民社会のパートナーシップの奨励 17.18 開発途上国によるデータ入手能力構築の支援強化 17.19 開発途上国における統計能力構築の支援

■解　説

　ゴール 17 は，これまでの 16 のゴールを実施する手段として，グローバル・パートナーシップ（世界中の国々が協力）によることを目指している．「持続可能な開発のための 2030 アジェンダ」の序文では，SDGs 達成のために，多種多様な関係主体が連携・協力する"マルチステークホルダー・パートナーシップ"を促進することとある．ターゲットでは，先進国から開発途上国への投資，技術移転，貿易ルールの整備などをあげている．

　マルチステークホルダー・パートナーシップには企業も含まれており，ターゲット 17.16，ターゲット 17.17 が関連する．

1.3.2　SDGs の特徴—五つの P

「持続可能な開発のための 2030 アジェンダ」では，SDGs は五つの P で構成されているとしている．SDGs のゴールは 17 あり，やや数は多いが，大きくは五つの分野であることがわかれば，全体が理解しやすい（図 1.2）．

① 　People「人間」，ゴール 1 からゴール 6：あらゆる形態の貧困と飢餓に終止符を打ち，尊厳と平和を確保する．
② 　Prosperity「繁栄」，ゴール 7 からゴール 11：自然と調和した，豊かで充実した生活を確保する．
③ 　Planet「地球」，ゴール 12 からゴール 15：将来の世代のために，地球の天然資源と気候を守る．
④ 　Peace「平和」，ゴール 16：平和で公正，かつ包摂的な社会を育てる．
⑤ 　Partnership「パートナーシップ」，ゴール 17：確かなグローバルシッ

プを通じ，アジェンダを実施する．

図 1.2　持続可能な開発の五つの P
［出典：SDGs を広めたい・教えたい方のための「虎の巻」，
国際連合広報センター（unic.or.jp）］

1.3.3　SDGs の特徴—統合的取組み

「持続可能な開発のための 2030 アジェンダ」では，SDGs のゴール及びター
ゲットは統合され，不可分のものであり，持続可能な開発の 3 側面 “経済”
“社会”“環境”を調和させ，達成することが必要としている．

統合的取組みの例として，ターゲット 12.3（世界の一人あたりの食品廃棄
を半減）の達成を目指す場合を紹介する（図 1.3）．

ターゲット 12.3 は，他のゴールやターゲットの実施によって改善されるこ
とがある．ゴール 4（教育）のターゲット 4.7 によって食品ロスを削減しよう
と意識し，行動することにつながる．ゴール 9（インフラ）のターゲット 9.4
の資源利用効率性，クリーン技術，環境へ配慮した技術・産業プロセス導入に
よる効率的な輸送，加工・保存技術の向上などは，食品廃棄物・ロスの削減に
貢献する．その他，ターゲット 17（パートナーシップ）によって，食品サプ
ライチェーン全体を通じた食品廃棄・ロス削減の取組みが可能になる．

このターゲットの達成によって，ターゲット 12.2（天然資源を持続可能に
利用），ターゲット 12.5（廃棄物の発生を大幅に削減）も同時に達成できる．

また，食料資源の効率的な利用は生産性及び資源効率の向上になるため，ゴール 8（雇用）におけるターゲット 8.2（高レベル経済生産性の達成），ターゲット 8.4（経済成長と環境悪化を分断）も達成できる．

さらに，食品の廃棄や食品ロスの削減は，ゴール 13（気候変動），ゴール 2（飢餓）にも貢献する．

このように，SDGs のゴールとターゲットは，縦割りではなく，相互に影響を与えながら，統合的に取り組むことで効果が上がることに特徴がある．

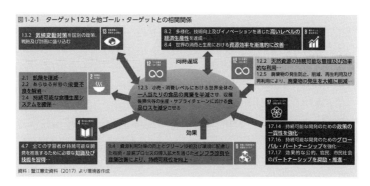

図 1.3 SDGs 統合的取組み
［出典：平成 29 年版 環境・循環型社会・生物多様性白書，
環境省（www.env.go.jp）］

第2章　SDG コンパスとは

本章では，SDGs に企業などが取り組むためのツールである SDG コンパスの紹介と企業への適用について解説する．

2.1　SDG コンパスの内容

SDGs は，すべてのステークホルダーに果たせる役割があるとしており，企業の参画が欠かせない．一方，企業として SDGs にどう取り組んでよいのか戸惑う場合も多く，統合報告書のガイドラインを発行している GRI（Global Reporting Initiative），国連グローバル・コンパクト（United Nations Global Compact：UNGC），持続可能な開発のための世界経済人会議（WBCSD）が 2016 年に，SDGs 導入のためのガイドライン「SDG Compass ― The guide for business action on the SDGs」を発行している．

SDG Compass の日本語訳「SDGs の企業行動指針― SDGs を企業はどう活用するか―」（以下，"SDG コンパス"という）は，グローバル・コンパクト・ネットワーク・ジャパン（Global Compact Network Japan：GCNJ），公益財団法人地球環境戦略研究機関（Institute for Global Environmental Strategies：IGES）が行っている．SDG Compass の日本語訳，原文などは，SDG Compass のウェブサイト（sdgcompass.org）に用意されているので，参考にされたい．

SDG コンパスは，次の五つのステップで SDGs への取組みを行うことを推奨している．

　　ステップ1：SDGs を理解する
　　ステップ2：優先課題を決定する

　　ステップ 3：目標を設定する

　　ステップ 4：経営へ統合する

　　ステップ 5：報告とコミュニケーションを行う

　SDG コンパスは多国籍企業が利用することを想定し，開発されたものである．一方，中小企業や企業以外の組織も，必要に応じてこの指針を変更し，利用することができるとしている．

　また，基本的な構造は PDCA サイクルであり，ステップ 1 で SDGs を理解し，ステップ 2 からステップ 3 は Plan，ステップ 4 とステップ 5 は Do，Check，Act に該当する．ISO との整合性がよく，ISO を導入している組織にとって使いやすい指針となっている（図 2.1）．以降，SDG コンパスのステップに沿って，その内容を解説する．

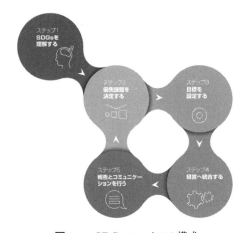

図 2.1　SDG コンパスの構成
［出典：SDGs の企業行動指針（SDG コンパス），
GCNJ・IGES 翻訳］

2.1.1　ステップ 1：SDGs を理解する

　最初のステップは，企業にとって SDGs がどのような機会と責任をもたらすかを理解することである．ここでは，なぜ企業が SDGs に取り組むとよいかが紹介されており，その概要を解説する．

なお，ビュレット"―"で示されるのは，SDGコンパスに示されている例
であるが，そのすべてを掲載しているわけではなく，筆者が抜粋・要約したも
のである．

（1）将来のビジネスチャンスになる

持続可能な開発の実現のため，有効な解決策を提供できる企業は市場を開拓
でき，ビジネスチャンスをものにすることができる．社会の課題は解決を求め
ている有望なマーケットでもある．

　―省エネルギー，再生可能エネルギー，エネルギー貯蓄，環境配慮型建物
　　（グリーンビルディング），持続可能な輸送に資する技術
　　ICT技術を使い，排出量，廃棄量の少ない製品
　―貧困層の生活改善につながる保健医療，教育，エネルギー，金融，ICT
　　などの製品，サービス 等

（2）企業価値を向上させることができる

SDGsに取り組むことで，売上げの向上，新規市場の開拓，ブランド力の強
化，操業効率の向上，製品イノベーションの促進，従業員の離職率引き下げに
貢献でき，企業価値を高めることができる．

　―若い世代は責任ある企業行動を重んじる傾向がある．持続可能性に取り組
　　む企業は，人材獲得に有利になる．
　―消費者は商品選択の際に，企業が持続可能性に配慮しているかを判断材料
　　にする場合がある．等

（3）ステークホルダーとの関係強化，政策への対応

SDGsは国際，国家，地域レベルでのステークホルダーの期待，今後の政策
の方向性を反映させている．企業が優先的に解決する課題とSDGsを整合させ
れば，ステークホルダーとよい関係を築き，政策と歩調を合わせることができる．

　―法的リスク，評判リスク等の軽減
　―法整備によって発生するコスト上昇，制約に対する対応力を構築 等

（4）社会と市場の安定化を得ることができる

企業活動が社会という基盤の上にある以上，社会が機能しなければ，企業も成功できない．社会と市場が安定することは，企業が成功する前提条件である．

—貧困層の救済によって市場を拡大

—教育を強化することで，熟練性をもつ従業員を育成

—ジェンダー格差の解消，女性の地位向上を促進することで，女性層という
　成長市場を創造

—水，土地，金属，鉱物などの資源について，供給力に見合った使用をする
　ことで，持続可能な資源利用

—責任があり，統制がとれた制度のもとで事業活動を行うことによって，コ
　スト，リスクを低減　等

（5）共通の枠組み（土台）を共有できる

SDGs という共通の枠組みを通して，企業は SDGs に関連する自社の取組みについて，ステークホルダーと継続的・効果的に対話をすることができる．

> **＜ISO との整合性＞**
>
> 　ISO 14001，ISO 9001 を導入する際には，その導入目的と効果を検討し，経営者から社員に対して説明する．SDGs においても，同様に導入の検討と社内説明を実施することが必要である．

2.1.2　ステップ 2：優先課題を決定する

ステップ 2 では，三つの過程を経て，SDGs の中で取り組むべき優先課題を決定することを推奨している．

（1）バリューチェーンをマッピングして影響領域を特定する

SDG コンパスでは，自社の活動と SDGs がどういう関係になっているかを分析するためのツールとして，「バリューチェーンにおける SDGs マッピング」が示されている．バリューチェーンとは，日本語では "価値の連鎖" と訳され，購買物流，製造，出荷物流，販売・マーケティング，サービスのどの過程でど

れだけ付加価値（バリュー）が生み出すのかを把握し，分析するためのものである．ここでは，ISO 14001 にあるライフサイクルと同じような意味で使われている．

図 2.2 は，バリューチェーンにおける持続可能な開発目標（ここでは，SDGs のゴール）をマッピングした事例である．マッピングでは，バリューチェーンにおいて自社が SDGs に貢献できる領域を俯瞰し，次のように，該当する領域を特定するとしている．

——一つ以上の持続可能な開発目標に現在貢献しているか，貢献する可能性のある各企業の中核的能力（コア・コンピテンシー），技術および製品構成

——バリューチェーン全体に直接又は間接にかかわり，一つ以上の持続可能な開発目標に，現在負の影響を与えているか与える可能性のある各企業の活動

ここでは，バリューチェーンにおいて持続可能な開発目標に対し，

① 一つ以上の影響を与えていること

② 貢献（正）と負の影響があること，

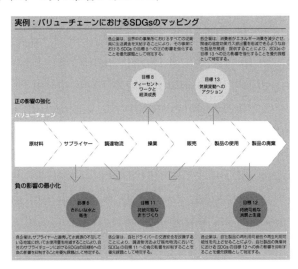

図 2.2 バリューチェーンにおける SDGs のマッピング
［出典：SDGs の企業行動指針（SDG コンパス），
GCNJ・IGES 翻訳］

③　現在影響を与えているか与える可能性があること

が示されている.

　同図は,企業レベルのSDGsマッピングを実施しているが,製品,事業所,地域レベルでも応用可能としている.また,マッピングは外部のステークホルダーと協働し,その見解や関心を確認することを推奨している.

＜ISOとの整合性＞

　ISO 14001ではライフサイクルを考慮し,環境側面を決定することが要求されている.このSDGsのマッピングと環境側面決定のプロセスは似ており,馴染みやすい.正と負があること,現在及び将来において影響を及ぼすことが可能な範囲を含めることも環境側面と同様である.また,バリューチェーンを設定する単位も,全社,製品,事業所などの単位を設定することが可能と自由度が高く,これも環境側面を決定する際のプロセスと同じである.

　ここでは,SDGsのゴールに貢献できる候補を抽出するプロセスであるため,自社と関連するSDGsのゴールを最初から決めつけることなく,幅広く抽出することを考えたい.

---

(2) 指標を選択し,データを収集する

　ここは,上記(1)で特定したバリューチェーンの領域において,その領域にとってSDGsに影響の関係がある一つ以上の指標を設定し,達成度を継続的に把握するというものである.これを実施するために提供されているのが図2.3のロジックモデルである.

　このロジックモデルは「投入(インプット) → 活動(アクティビティ) → 産出(アウトプット) → 結果(アウトカム) → 影響(インパクト)」の5段階のプロセスからなる.

　同図には,浄水用の錠剤における開発に投資している企業の例が示されている.この会社は浄水用錠剤の販売という領域において,SDGsのターゲット

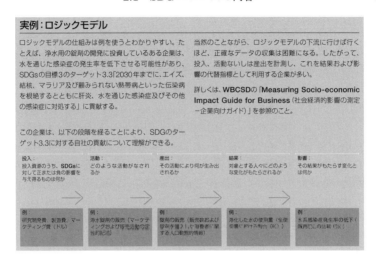

図 2.3　ロジックモデル
[出典：SDGs の企業行動指針（SDG コンパス），
GCNJ・IGES 翻訳]

3.3 にある伝染病の根絶，肝炎，水を通じた感染症などの対処に貢献できると
している．

　また，一般的にロジックモデルは下流に行くほど，正確なデータの収集は困
難であり，企業は上流の投入，活動，産出を計測し，これを結果の代替指標と
する場合が多いとしている．

＜ ISO との整合性＞

　ISO 14001 では，著しい環境側面，順守義務，リスク及び機会を優先的
に対応すべきものとして決定する．この決定のために，量等の定量データ，
又は定性的な影響を把握している．

　SDG コンパスにおけるロジックモデルは，企業が SDGs に貢献できる領
域における，データを集めるためのプロセスと理解するとよい．また，ロ
ジックモデルを使用すると SDGs のゴールと自社の領域をより論理的に整
理することができる．

(3) 優先課題を決定する

ここまでの段階で，持続可能な開発目標に貢献できる領域，及び正及び負の影響の指標を把握している．次はこの領域での優先課題を決定するが，その際の判断基準として，次の例が示されている．

【負の影響】ステークホルダーにとっての重要性，新しい規制，標準化，需要超過（原料，労働力），サプライチェーンの途絶，ステークホルダーからの圧力，市場の変化

【正の影響】資源効率化による競争力強化の機会，創意工夫の機会，新規製品・ソリューションの開発，新市場開拓

ここでは，影響の評価と優先課題の決定は科学的なプロセスではなく，主観的な判断が必要であること，プロセスは文書化すること，毎年1回見直すなど，変化に対応することが推奨されている．

＜ISO との整合性＞

ISO 14001 では著しい環境側面，ISO 14001 及び ISO 9001 ではリスク及び機会を決定するプロセスがある．著しい環境側面は定量的に，リスク及び機会は定性的に決定している場合が多いようである．

SDG コンパスでは，主観的な判断が必要であることを述べており，リスク及び機会の決定のプロセスに似ている．リスク及び機会と SDGs の優先課題の決定には，いずれも経営的な視点から判断することが必要なためである．

2.1.3　ステップ3：目標を設定する

ステップ3では，三つの過程によって SDGs のゴールに貢献できる目標を設定することを推奨している．

(1) 目標範囲を設定し，KPI を選択する

企業において，SDGs に貢献する目標（SDGs 目標）は，ステップ2で決定した優先課題から設定することが推奨されている．また，例えばカーボン

ニュートラルの達成のような大きな目標の場合，具体的に期限を区切った目標を設定することも推奨されている．SDGs目標には，SDGsへの影響を示すKPI（Key Performance Index：主要業績評価指標）を設定すること，KPIの設定が困難な場合，投資する資本などの資源，研修の実施など影響の代替指標を採用することができるとしている．

(2) ベースラインを設定し，目標タイプを選択する

ベースラインには，特定の時期，特定の期間を設定することができること，目標には絶対的目標と相対目標があることが示されている．

＜ISOとの整合性＞

ここは，ISOで目標を設定している企業にとって理解しやすい内容であろう．SDGs目標の期限を明確にすること，代替指標の採用，ベースラインの設定，絶対目標・相対目標の設定など，現在設定しているISOの目標にも参考になる内容である．

ステップ2で把握した指標とここで設定するKPIは同じになる場合も，指標とは別にKPIを設定する場合（例：CO_2の量を指標とするが，KPIは電気使用量，燃料使用量とする）もあるだろう．

---

(3) 意欲度を設定する

ここでは，企業などは意欲的なSDGs目標を設定することが強く推奨されており，次の記述がある．

・控えめな目標より意欲的な目標のほうが大きな影響や達成度が期待できる．予想達成度を大幅に上回る目標や，達成させる道筋もはっきりしない目標を設定することでイノベーションや創造性を促進できる．

・現在及び過去の業績を分析し，今後の動向と道筋を予測し，同業他社を基準に評価するのが，これまでの企業のあり方であった．しかし，そのような目標ではグローバルな社会的，環境的な課題に十分対処することはできない．

・意欲度の設定は基本的に目標設定の時間軸に連動している．時間軸を十分
に確保すれば，例えば「2030年までに自社のエネルギー需要を100％再
生可能エネルギーでまかなう」という目標は「2025年までに75％再生可
能エネルギーでまかなう」よりもメッセージ性が強く，インパクトがある．
　目標設定の考え方として紹介されているのが，図2.4であり，実績積み上げ
方式である"インサイド・アウト・アプローチ"から"アウトサイド・イン・
アプローチ"の変換が示されている．アウトサイド・イン・アプローチはある
べき姿からの目標設定である．例えば，パリ協定の2℃目標を達成するために，
日本やEUなど，世界約120か国で，温室効果ガス排出量を2050年までに実
質ゼロにするという目標を設定している．こうした先進的な目標は，インサイ
ド・アウト・アプローチでは出てこない目標だろう．

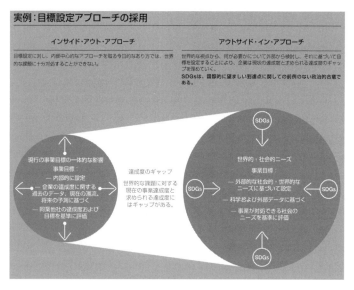

図2.4　目標設定アプローチ
[出典：SDGsの企業行動指針（SDGコンパス），
GCNJ・IGES翻訳]

< **ISO との整合性**＞

ISO の目標設定の多くが，インサイド・アウト・アプローチであり，実績を積み上げて設定している場合が多い．一方，この設定では，グローバルな社会的，環境的な課題に十分対処することはできないことを SDG コンパスは指摘している．

アウトサイド・イン・アプローチ（あるべき姿からの設定）の考えを，ISO の PDCA を積み上げて設定することに加えるために，時間軸の設定を検討することが考えらえる．多くの組織が採用している中期目標 3 年，短期目標 1 年の設定から，10 年先のあるべき姿から中期，短期の目標を引き直すことを考慮することである．

（4）SDGs へのコミットメントを公表する

設定した SDGs 目標の一部又は全部を公表することが推奨されている．目標を公表することは，従業員や取引先の意欲を引き出し，外部のステークホルダーとの建設的な会話の基盤になるとしている．

2.1.4　ステップ 4：経営へ統合する

設定した SDGs 目標を中核事業に統合し，部門に定着させるための三つの方法を示している．

（1）SDGs を企業に定着させる

持続可能な目標の事業への統合は，経営トップの主導が特に重要であることが示され，組織内に定着させるために次の二つの方法が紹介されている．

　—特に，事業として取り組む根拠を明確に伝え，持続可能な開発目標に向けた取組みが企業価値を創造すること，またそれが他の事業目標に向けた進展を補完することについて，共通の理解を醸成すること

　—部門や個人が SDGs 目標の達成において果たす具体的な役割を反映した特別報償を設けるなど，SDGs 目標を全社的な達成度の審査や報酬体系に組み込むこと

(2) すべての部門に持続可能性を組み込む

　設定した SDGs 目標に対し，その目標に関連する部門目標を設定する．図 2.5 では，SDGs のゴール 12（持続可能な生産形態を確保する）に対して，有害化学物質の削減について SDGs の目標を設定し，研究開発部門，サプライチェーン管理部門において部門目標に展開する例を示している．

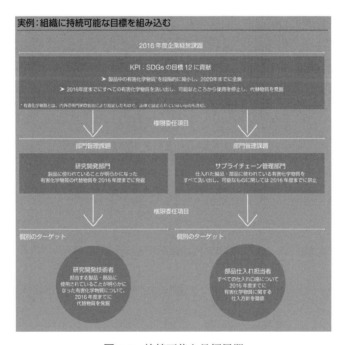

図 2.5　持続可能な目標展開
［出典：SDGs の企業行動指針（SDG コンパス），
GCNJ・IGES 翻訳］

＜ ISO との整合性＞

　著しい環境側面又はリスク及び機会を ISO の目標として展開する場合，著しい環境側面・リスク及び機会に関連する階層，部門で設定する．例えば，電気の使用を著しい環境側面とした場合，全社や製造，施設管理，品質管理，

事務などの部門単位で業務の特徴を踏まえた目標を設定する．これと同じことを SDGs 目標でも実施すると理解すればよい．

（3）パートナーシップによって取り組む

SDGs に取り組む企業は，自社単独だけでなく，次の三つのタイプのパートナーシップを検討し，取り組むことが推奨されている．

—バリューチェーン・パートナーシップ：バリューチェーンの企業が相互補完的な技能，技術，資源を組み合わせ，市場に新しいソリューションを提供する

—セクター別イニシアチブ：業界全体の基準，慣行のレベルアップと共通の課題の克服に向けた取組みにおいて業界のリーダーが協力する

—多様なステークホルダーによるパートナーシップ：行政，民間企業および市民社会組織が力を合わせて複合的な課題に対処する

＜ISO との整合性＞

ISO においても，調達先，業務委託先へ要請，あるいは協力によって環境改善，品質改善を行うことは多い．また，業界団体で環境に関する目標を立て，取組みを行う場合がある．ISO 14001 の場合，外部コミュニケーションとして地域，行政と協力し，地域の環境改善活動に参加する場合も多い．

従来取り組んできたことに加えて，SDGs においてもパートナーシップを広げることを検討するとよい．

2.1.5　ステップ 5：報告とコミュニケーションを行う

コミュニケーションとして，次の 2 項目の実践が推奨されている．

（1）効果的な報告とコミュニケーションを行う

SDGs のターゲット 12.6 では，「特に大企業や多国籍企業などの企業に対し，持続可能な取組みを導入し，持続可能性に関する情報を定期報告に盛り込むように奨励する．」とある．

企業は正規の報告書だけでなく，さまざまな方法を活用して持続可能性に関

する戦略やコミュニケーションを行う傾向が強くなっている．大企業も中小企業も自社のSDGsへの貢献に関して公に報告することにメリットがある．

(2) 効果的な報告とコミュニケーションを行う

ここでは，マテリアル（重要）な事項に焦点を当てた報告書を作成することが推奨されている．各企業のマテリアルな事項は，ステップ2で設定した優先課題が含まれている可能性が高い．企業は優先課題に対する達成度の正及び負の側面について報告すべきとしている．

報告では，図2.6のように，マテリアリティ評価を視覚化したマトリックスで示すことが効果的にであるとしている．このマトリックスの右上に行くほど，報告の優先度が高いことが示されている．

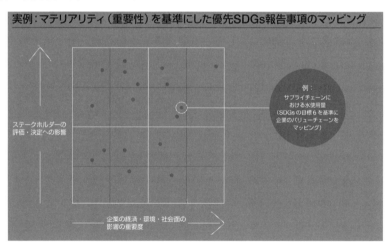

図2.6　優先SDGs報告事項のマッピング
［出典：SDGsの企業行動指針（SDGコンパス），GCNJ・IGES翻訳］

(3) SDGs達成度についてコミュニケーションを行う

SDGsは報告における共通言語であり，持続可能な開発に関する共通の枠組みである．SDGsに取り組んでいる事業の領域について，企業は次の情報を開示することが推奨されている．

—SDGs に取り組んでいる理由とその過程（例えば，SDGs 優先課題の決定
　過程やステークホルダーとの協働を記述）

—取り組んでいる SDGs に関する著しい正又は負の影響

—取り組んでいる SDGs に関する企業の SDGs 目標とその達成に向けた進
　捗状況

—SDGs に関する影響を管理し，組織横断的な統合による目標達成のための
　戦略と実践（例えば，方針，体制，人権・順法などの注意義務のプロセス）

> **＜ ISO との整合性＞**
>
> 　ISO では外部コミュニケーションのプロセスとして，内容，実施時期，
> 対象者，方法などを確立することが要求されている．自主的に環境報告書，
> CSR 報告書，統合報告書などを発行している組織は多く，この中に環境活
> 動，品質活動が含まれている．
>
> 　従来の環境活動，品質活動が SDGs にどう関連するか報告するともに，
> その他の取り組んでいる SDGs について紹介するとよい．

2.2　ISO と SDG コンパスの関連

　2.1 節では，SDG コンパスと ISO の整合性を説明した．ISO 規格要求事項
と SDG コンパスの関連を整理したものが次の表 2.1 である．

表 2.1　ISO 規格要求事項と関連する SDG コンパス

ISO 14001（ISO 9001）	関連する SDG コンパス
4　組織の状況 4.1　組織及びその状況の理解	ステップ 1：SDGs を理解する ステップ 2：優先課題を決定する
4.2　利害関係者のニーズ及び期待の理解	ステップ 1：SDGs を理解する ステップ 2：優先課題を決定する
4.3　環境（品質）マネジメントシステムの適用範囲の決定	—

表 2.1　（続き）

ISO 14001（ISO 9001）	関連する SDG コンパス
4.4 環境（品質）マネジメントシステム（及びそのプロセス）	—
5 リーダーシップ 5.1 リーダーシップ及びコミットメント	ステップ 1：SDGs を理解する ステップ 4：経営へ統合する
5.2 環境（品質）方針	ステップ 2：優先課題を決定する ステップ 4：経営へ統合する
5.3 組織の役割，責任及び権限	ステップ 4：経営へ統合する
6 計画 6.1.1 リスク及び機会への取組み（一般） 6.1.2 環境側面	ステップ 2：優先課題を決定する
6.2 環境（品質）目標及びそれを達成するための計画策定	ステップ 2：優先課題を決定する ステップ 3：目標を設定する ステップ 4：経営へ統合する
7 支援 7.1 資源	ステップ 4：経営へ統合する
7.2 力量	ステップ 4：経営へ統合する
7.3 認識	ステップ 4：経営へ統合する
7.4 コミュニケーション	ステップ 3：目標を設定する ステップ 4：経営に統合する ステップ 5：報告とコミュニケーションを行う
7.5 文書化した情報	—
8 運用	ステップ 4：経営へ統合する
9 パフォーマンス評価 9.1 監視，測定，分析及び評価	ステップ 4：経営へ統合する
9.2 内部監査	—
9.3 マネジメントレビュー	—
10 改善 10.1 一般	—
10.2 不適合及び是正処置	—
10.3 継続的改善	—

次に，同表について説明する．

① "4.1 組織及びその状況の理解" "4.2 利害関係者のニーズ及び期待の理解"

SDG コンパスでは，"ステップ 1：SDGs を理解する"において，SDGs の理解，組織に与える影響，導入による効果，ステークホルダーの期待などを整理することが推奨されている．ISO 規格要求事項では，"4 組織の状況"に該当する部分である．また，"ステップ 2：優先課題を決定する"の情報収集という側面もある．

ESG 投資（5.1 節参照）が主流となる中で，組織が市場で評価されるためには，SDGs への取組みは必須となっている．その影響は直接市場での評価を受ける企業だけでなく，関連するグループ企業，バリューチェーンにも及ぶようになっている．こうした企業をとりまく状況への理解が必要である．詳細は第5 章を参照されたい．

また，自社がより成長するため，SDGs に取り組む組織もある．企業理念の達成，社会の課題という成長分野への投資，社員モチベーション向上，人材の獲得などのためである．

② "5.1 リーダーシップ及びコミットメント" "5.2 環境（品質）方針" "5.3 組織の役割，責任及び権限"

この要求事項は"ステップ 1：SDGs を理解する" "ステップ 2：優先課題を決定する" "ステップ 4：経営へ統合する"との関連性が高い．

新たな経営への取組みを導入するには，トップマネジメントがリーダーシップをとり，その意義を理解し，組織へ展開することが必要である．このためにトップは，SDGs に取り組むための組織を整備し，資源を準備し，機会があるごとに取組みの必要性を発信することが求められる．

組織の経営理念と SDGs の関連を明確にすることも必要である．例えば，「当社は○○製品・○○サービスの提供を通じて社会に貢献する」との理念は，SDGs の基本的考えである社会の課題解決と整合性が高く，SDGs への取組みが経営理念の達成を進めることになる．

また，環境方針，品質方針に SDGs へ取り組むことや，SDGs のゴールの
何に取り組むかを明示，公表することにより，ISO と SDGs の関連性を明確
に示すことができる．

　③　"6.1 リスク及び機会への取組み" "6.2 環境（品質）目標及びそれを達
　　　成するための計画策定"

ISO では優先的に取り組むべき課題として，組織のリスク及び機会を決定
することが要求されている．SDG コンパスにおいては，ステップ 2 で SDGs
のゴールのうち組織が優先的に取り組むべき事業の領域を特定することになっ
ている．

ISO ではリスク及び機会を考慮し，環境目標又は品質目標としている．SDG
コンパスでは優先的に取り組むべき領域を，ステップ 3 で目標とし，ステッ
プ 4 で経営に統合している．

SDGs で優先的に取り組むべき領域を ISO のリスク及び機会とすることに
より，ISO で SDGs への取組みを推進することができる．

　④　"7.1 資源" "7.2 力量" "7.3 認識" "7.4 コミュニケーション" "8 運用"
　　　"9.1 監視，測定，分析及び評価"

ISO では目標を設定したならば，"7 支援" "8 運用" "9.1 監視，測定，分析
及び評価" のプロセスで管理する．SDG コンパスのステップ 4 は，SDGs 目
標を部門目標として経営へ統合し，実施し，進捗管理するためのものであり，
ISO と同じ内容を含んでいる．ISO の "7.4 コミュニケーション" は SDG コ
ンパスのステップ 5 の顧客とコミュニケーションを行うに該当する．

　⑤　その他

ISO の内部監査，マネジメントレビューについて，SDG コンパスでは関連
する記載はない．一方，SDGs のゴールで優先的に取り組むべき事業の領域を
リスク及び機会とした場合，ISO の管理対象となり，内部監査，マネジメン
トレビューの対象となる．

次の表 2.2 は，SDG コンパスの内容が ISO のどの箇条に該当するかを示し
たものである．表 2.1 の裏返しといえるが参考にされたい．

表 2.2 SDG コンパスと ISO 14001（ISO 9001）との対比表

SDG コンパス	ISO 14001（ISO 9001）
ステップ 1：SDGs を理解する ・SDGs とは何か ・企業が SDGs を利用する理論的根拠 ・企業の基本的責任	4.1 組織及びその状況の理解 4.2 利害関係者のニーズ及び期待の理解 5.1 リーダーシップ及びコミットメント
ステップ 2：優先課題を決定する ・バリューチェーンをマッピングし，影響領域を特定する	4.1 組織及びその状況の理解 4.2 利害関係者のニーズ及び期待の理解
・指標を選択し，データを収集する	6.1.2 環境側面 6.2 環境（品質）目標及びそれを達成するための計画策定
・優先課題を決定する	5.2 環境（品質）方針 6.1 リスク及び機会への取組み 6.1.2 環境側面
ステップ 3：目標を設定する ・目標範囲を設定し，KPI（主要業績評価指標）を選択する ・ベースラインを設定し，目標タイプを選択する ・意欲度を設定する	6.2 環境（品質）目標及びそれを達成するための計画策定
・SDGs へのコミットメントを公表する	5.2 環境（品質）方針 7.4 コミュニケーション
ステップ 4：経営へ統合する ・持続可能な目標を企業に定着させる ・すべての部門に持続可能性を組み込む	5.1 リーダーシップ及びコミットメント 5.3 組織の役割，責任及び権限 5.2 環境（品質）方針 6.2 環境（品質）目標及びそれを達成するための計画策定 7.1 資源，7.2 力量，7.3 認識 8 運用 9.1 監視，測定，分析及び評価
・パートナーシップに取り組む	7.4 コミュニケーション 8 運用

表 2.2 （続き）

SDGコンパス	ISO 14001 （ISO 9001）
ステップ5：報告とコミュケーションを行う ・効果的な報告とコミュニケーションを行う ・SDGs達成度についてコミュニケーションを行う	7.4 コミュニケーション

2.3　SDGコンパスにあるツールの使い方

　2.1節では，企業にSDGsを導入するためのSDGコンパスというツールを紹介した．SDGコンパスは大企業向けであるが，中小企業や企業以外の組織もこの指針を変更し，利用できるとされている．本節では，SDGコンパスにあるツールを，ISOを導入している組織にも使いやすくするための方法を紹介する．

2.3.1　バリューチェーンのSDGsマップ

　SDGコンパスでは，バリューチェーンにおけるSDGsのマッピング（図2.2，35ページ）を紹介している．組織の上流，下流を含めた事業の領域とSDGsのゴールとの関連性を把握するためのツールとしてわかりやすい．ここでは，ISOを導入している組織が使うため，若干変更したツールを提案する．

　バリューチェーンは，アメリカの経営学者であり，ハーバード大学経営大学院の教授であるマイケル・E・ポーター氏が著書『競争優位の戦略』（1985年）で提唱したものである．この中では，バリューチェーンは主活動（購買物流，製造，出荷物流，販売・マーケティング，サービス）と支援活動（全般管理，人事・労務管理，技術開発，調達）に分かれており，SDGコンパスではこの主活動による整理を示している．

　ISOの活動は，支援活動を含む組織全体に関連すること，組織内の改善の

ためには支援活動も含めるべきであることから，図 2.7（バリューチェーンの
SDGs マップ）を提案したい．支援活動をわかりやすくするため，自社内の取
組みは"社内基盤整備"と整理した．この例では，家庭における家事の負担軽
減になる家電製品を開発，製造している企業を想定している．

　ここにある正の影響強化，負の影響強化では，何が正であり，負であるか迷
うかもしれないが，分類することが目的ではないため，あまり気にせずに，結
果的にバリューチェーンの領域と SDGs のゴールが適正に結びついていれば
問題ない．

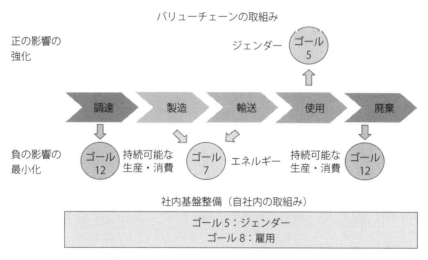

図 2.7　バリューチェーンの SDGs マップ

　バリューチェーンの SDGs マップで，SDGs のゴールとの関連を抽出した
ならば，どういう事業の領域なのかを表 2.3 のように，一覧表に整理するとよ
い．SDGs のゴールは 17 あるが，企業活動がすべてのゴールに関連するわけ
ではなく，ここで数は絞られる．

　また，社内の一部の人が作成するのはなく，社内でのさまざまな人が関係す
るようにするとよい．いずれ全社に展開した場合，本プロセスが社内教育の役
割を果たすため運用がスムーズになる．また，さまざまな人が関係することで，

表2.3　バリューチェーンのSDGs表

■バリューチェーンの取組み

目　標	調　達	製　造	輸　送	使　用	廃　棄
ゴール5（ジェンダー）	―	―	―	家事の負担軽減になる製品	―
ゴール7（エネルギー）	―	製造時のエネルギー使用削減	製品の軽量化	―	―
ゴール12（持続可能な生産・消費）	調達先へ有害物資不混入要請	―	―	―	製品廃棄時の高い分解性

■自社内の取組み

目　標	内　容
ゴール5（ジェンダー）	女性の積極活用（出産，育児などの労働条件の考慮）
ゴール8（雇用）	総労働時間の短縮（働き方改革），テレワーク推進

より幅広い見方ができる.

　筆者は，あるセミナーでSDGコンパスを使った領域の特定を行ったが，上司と部下では結果が異なり，両方を合わせるとバランスがよい結果になった.また別のセミナーでは，会社の業務によるグループ単位（事務，営業，製造，設計・開発，グループ会社）で行ったが，自らが関連する業務は，幅広く，より的確に領域の特定がされていた.

　SDGコンパスでは，内部及び外部のステークホルダーと協働することを勧めている.内部は前述のように可能であるが，外部のステークホルダーとの協働はハードルが高いだろう.日頃，組織の経営を第三者の目で関心をもってもらえる外部のステークホルダーとの関係を築いておくことが鍵である.

　SDGsマップを設定する単位は，全社，部門，製品，業務（プロセス）と組織の状況に合わせて設定する.ISO 14001を導入している組織ならば，環境側面を抽出している単位が参考になる.結果として，全社を俯瞰し，SDGsに関連する領域がバランスよく抽出されることが必要である.

2.3.2　指標の選択

SDG コンパスでは，ロジックモデルで指標を選択することを推奨している．ここは SDGs マップで選択した事業の領域が SDGs のゴールとどこで結びついているかを確認し，指標を設定し，関連するデータを収集するプロセスである．ISO を実施している組織は，指標は目標を設定する際に検討するのであり，ここで必要なのかと感じるかもしれない．

　一方，ロジックモデルを使えば，選択した領域と SDGs の関連を明確にすることができる．領域は一応設定したが，SDGs のゴールと本当に関連しているのか迷う場合がある．このときに領域が SDGs のターゲットのどこと関連するかを確認することでつながりが明瞭になる．また，SDGs マップを作成する段階で，実は SDGs と関係ない領域が入っていた場合，そのチェックになる．

　企業が SDGs に取り組んでいることを示すため，自社の業務と SDGs の関連性をアイコンなどで，各種報告書や自社のウェブサイトに掲載する例が多い．SDGs への取組みは自主的なものであるとはいえ，対外的な表明には，説明責任が伴う．少なくとも自社の領域と SDGs のゴールがどのように結びついているか，明瞭に説明できることが必要である．

　表 2.4 はロジックモデルの例である．ここでは，先の表 2.3 にある事業の領域の一部を組織の活動として記載し，前段階の投入から，後段階の影響までの一連のつながりを記載している．ここで，影響において SDGs のターゲットのどこと結びついているかをよく確認しておきたい．また，投入において何を記載するか迷う場合は，産出や結果からこれらを生み出すための投入が何かを考えるとよい．

　ここまで整理すれば，指標の設定は容易である．指標は複数あってよく，例えば，総労働時間の短縮においては，その時間数だけではなく，総労働時間短縮率や残業時間数があり，結果や影響からは社員の組織への雇用に関する満足度も指標として取り上げてもよいだろう．

表 2.4　ロジックモデル

投入：投入資源のうち，SDGs に対して正又は負の影響を与え得るものは何か	**活動**：どのような活動がなされるか	**産出**：その活動により何が生み出されるか	**結果**：対象とする人々にどのような変化がもたらされるか	**影響**：その結果がもたらす変化とは何か	**指　標**
投　　入	活　　動	産　　出	結　　果	影　　響	
製品への投資，開発への投資	家事の負担軽減になる製品の提供	家事の負担軽減になる製品	女性の家事の負担軽減	ターゲット5.4（家事の時間短縮）	販売数量，従来の家事と比較した時間短縮率
電気，燃料等のエネルギー	製造時のエネルギー削減	製造時のエネルギー使用量削減	製造時におけるエネルギー効率改善	ターゲット7.3（エネルギー効率改善）	エネルギー使用量，原単位エネルギー使用量
労働時間	総労働時間短縮のための活動（働き方改革）	労働時間の短縮	ゆとりある働き方	ターゲット8.5（働きがいある人間らしい仕事の達成）	総労働時間，労働時間短縮率，残業時間数，社員満足度

2.3.3　優先課題の決定

　SDG コンパスでは優先課題の決定について，評価軸を例示しているが，ツールとして提供されているものはない．一方，ステップ 5 では報告とコミュニケーションのためのマテリアリティ（重要性）を基準にしたマッピングが示されている．これを報告のためのツールとしてだけでなく，複数ある SDGsのゴールに貢献する領域の重要性を判断するツールとして使用することを提案したい．

　図 2.8 では，横軸の「企業の経済・環境・社会面の影響の重要度」と縦軸の「ステークホルダーの評価・決定への影響」の両方が大きい右上が，より重要となる．ここで例示している「家事の負担軽減になる製品の提供」は，組織の

今後の主力としたい製品であり，消費者の期待も高いことから重要と判断している．「総労働時間の短縮」は，社会的に働き方改革が求められていることや，労働生産性の向上は必須であること，従業員及び就職希望者の要請が強いことから重要と判定している．

　評価が難しいのは外部ステークホルダーの評価である．ISO では "4.2 利害関係者のニーズ及び期待の理解" で顧客，従業員，投資家，株主などから組織への要求事項が決定されている．こうした利害関係者から組織が SDGs に貢献できる領域への評価を確認又は想定することでもよいだろう．

　これらのツールを使用し，SDGs のゴールとして組織が取り組むべき重要事項を特定し，ISO のリスク及び機会として設定すれば，SDGs と ISO を統合した取組みが実践できる．

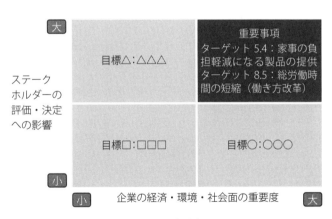

図 2.8 SDGs 重要度マップ

2.4　SDGs を組織に取り入れる

　図 2.9 は，SDGs を組織のマネジメントシステムへつなげる一連の流れを整理したものである.

　SDGs において自社に関連するゴールは，SDG コンパスの SDGs マップ，ロジックモデル，SDGs 重要度マップを使い，組織が関連する領域の絞り込みが行われる. 絞り込まれた持続可能な開発目標は，ISO のマネジメントシステム，その他の組織のマネジメントシステムに展開する. 例えば，同図のように ISO 14001，ISO 9001，OHSMS（ISO 45001）を運用している組織は，ゴール 9，ゴール 12，ゴール 13 を ISO 14001 で，ゴール 9，ゴール 12 をISO 9001 で，ゴール 3 とゴール 12 を OHSMS で展開することにしている.

　複数のマネジメントシステムを統合している場合，例えば，業務計画の中で環境目標，品質目標，その他の目標を運用している場合，SDGs のゴールは業務計画の中に展開し，実践していることでよいだろう.

　環境目標，品質目標などは従来のインサイド・アウト・アプローチ（実績積み上げ型），アウトサイド・イン・アプローチ（あるべき姿型）により，長期の目標，中期目標，年度目標と階層化を行うことや，従来なかった目標の設定を検討するとよい. ISO での具体的適用は次章で紹介する.

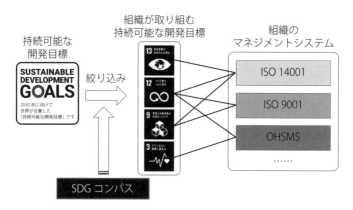

図 2.9　SDGs を組織に取り入れる

第3章　SDGs にどう取り組むか

　本章では，持続可能な開発と ISO の関連の詳細を示し，ISO 認証取得組織は SDGs にどう取り組むことができるのかを解説する．

3.1　持続可能な開発と ISO 14001

　ISO 14001 を開発している委員会組織の ISO/TC 207（環境マネジメント）は，1993 年に設立され，持続可能な開発への貢献を目標に，環境マネジメントの標準化活動を行っている．

　ISO 14001 は 2015 年に改訂されたが，それに先立ち EMS のスタディグループが，次期改訂で取り組むべき課題を 2010 年に ISO/TC 207 に提出している．この中に「環境マネジメントを，持続可能な開発への貢献の中に，より明確に位置付ける．」ことが含まれていた．

　ISO 14001 の序文には，持続可能な開発と ISO 14001 の関連について説明がされている．なお，次に引用した規格本文に引かれる下線は，筆者による．

ISO 14001:2015（JIS Q 14001:2015）

序文

0.1 背景　　　　　　　　　　　　　　　　　　　　　　　　　　（第 1 段落）

　<u>将来の世代の人々が自らのニーズを満たす能力を損なうことなく，現在の世代のニーズを満たすために，環境，社会及び経済のバランスを実現することが不可欠であると考えられている．到達点としての持続可能な開発</u>は，持続可能性のこの "三本柱" のバランスをとることによって達成される．

■解　説

　序文の最初に「将来の世代の人々が自らのニーズを満たす能力を損なうことなく，現在の世代のニーズを満たす」とある．これは，第 1 章で解説した "持

続可能な開発”の定義であり，これが本規格の到達点であることが示されている．持続可能な開発のためには“環境”“社会”“経済”をバランスよく発展させるという“トリプルボトムライン”が重要である．

ISO 14001 は，持続可能な開発に貢献するために作られた規格である．ISO 9001 の場合は，持続可能な開発との関連は示されていないが，次の 3.2 節で示すように，品質の改善を通じて貢献できることは数多くある．

ISO 14001:2015（JIS Q 14001:2015）

序文

0.1 背景　　　　　　　　　　　　　　　　　　　　　（第2段落，第3段落）

　厳格化が進む法律，汚染による環境への負荷の増大，資源の非効率的な使用，不適切な廃棄物管理，気候変動，生態系の劣化及び生物多様性の喪失に伴い，持続可能な開発，透明性及び説明責任に対する社会の期待は高まっている．

　こうしたことから，組織は，持続可能性の“環境の柱”に寄与することを目指して，環境マネジメントシステムを実施することによって環境マネジメントのための体系的なアプローチを採用するようになってきている．

■解　説

　ここでは，環境マネジメントシステムシステムが必要とされる背景を説明している．環境に関連するさまざまな問題が深刻化する中で，組織が持続可能な開発に貢献すること，透明性のある説明責任を果たすことへの期待が増している．そのため組織は，トリプルボトムライン中でも環境分野に貢献するための体系的なアプローチとして環境マネジメントシステムを採用するようになっている．

ISO 14001:2015（JIS Q 14001:2015）

0.2 環境マネジメントシステムの狙い　　　　　　　（第1段落，第2段落）

　この規格の目的は，社会経済的ニーズとバランスをとりながら，環境を保護し，変化する環境状態に対応するための枠組みを組織に提供することである．この規格は，組織が，環境マネジメントシステムに関して設定する意図した成果を達成することを可能にする要求事項を規定している．

　環境マネジメントのための体系的なアプローチは，次の事項によって，持続可能な開発に寄与することについて，長期的な成功を築き，選択肢を作り出すための情報を，トップマネジメントに提供することができる．

> ―有害な環境影響を防止又は緩和することによって，環境を保護する．
> （後略）

■**解 説**

ISO 14001 の目的は，社会経済的ニーズ（組織が提供している製品，サービスへの社会的なニーズ）とバランスを取りながら環境保護，変化する環境状況に対応するための環境マネジメントシステムを提供することである．環境保護を推進するため，社会経済的ニーズに応えない（例：環境負荷を減らすために製品，サービスの提供を減らす）ことを期待しているわけではなく，バランスの取れた環境活動（例：製品，サービスにおける省エネ，少資源，長寿命，低有害性等の環境配慮を実施）を目指している．

環境マネジメントシステムは，有害な環境影響の防止・緩和することなどにより，持続可能な開発に寄与することができる．

> **ISO 14001:2015（JIS Q 14001:2015）**
> （第1段落，第2段落）
>
> **1 適用範囲**
>
> この規格は，組織が環境パフォーマンスを向上させるために用いることができる環境マネジメントシステムの要求事項について規定する．この規格は，<u>持続可能性の"環境の柱"に寄与する</u>ような体系的な方法で組織の環境責任をマネジメントしようとする組織によって用いられることを意図している．
>
> この規格は，組織が，<u>環境，組織自体及び利害関係者に価値をもたらす</u>環境マネジメントシステムの意図した成果を達成するために役立つ．（後略）

■**解 説**

ISO 14001 は持続可能な発展のため，環境，社会，経済のうち「環境の柱」に寄与する環境マネジメントシステムの要求事項を定めている．

ISO 14001 は，環境，組織自体，利害関係者に価値ある成果をあげることに役立つとしている．環境における利害関係者は幅広く，定義では「顧客，コミュニティ，供給者，規制当局，非政府組織（NGO），投資家，従業員」が例示されている．環境のみならず，これらの利害関係者に価値をもたらすという考えは，SDGs の社会の課題解決との考えと同じである．

3.2 SDGs と ISO との関係

SDGs のゴール，ターゲットと ISO 14001/9001 の関連性が高い分野を表 3.1 に示している．ISO では，SDGs のゴールと ISO 14001/9001 の関連性をウェブサイト（iso.org）で公表している．ISO 14001 ではゴールの 1〜4，6〜9，12〜15 と，ISO 9001 ではゴールの 1，9，12，14 が関連するとしているが，どのターゲットと関連しているかなどその根拠までは示されていない．

同表の"関連"は，ISO で関連性が高いと示したゴールである．

表 3.1 SDGs と ISO 14001/9001 の関連

ゴール	ISO 14001		ISO 9001	
	関連	ターゲット	関連	ターゲット
1 貧困をなくそう	○	1.5	○	—
2 飢餓をゼロに	○	2.4	—	—
3 すべての人に健康と福祉を	○	3.9	—	—
4 質の高い教育をみんなに	○	4.7	—	4.3，4.4，4.7
5 ジェンダー・平等を実現しよう	—	—	—	—
6 安全な水とトイレを世界に	○	6.3，6.4，6.5，6.6	—	—
7 エネルギーをみんなにそしてクリーンに	○	7.2，7.3	—	—
8 働きがいも経済成長も	○	8.4	—	8.2，8.4
9 産業と技術革新の基礎をつくろう	○	9.1，9.4	○	9.2，9.4
10 人や国の不平等をなくそう	—	—	—	—
11 住み続けられるまちづくり	—	11.6	—	—
12 つくる責任つかう責任	○	12.2，12.3，12.4，12.5，12.6	○	12.2，12.4，12.5
13 気候変動に具体的対策を	○	13.1，13.3	—	13.1
14 海の豊かさを守ろう	○	14.1，14.2，14.3，14.4	○	14.1，14.3

表 3.1 （続き）

ゴール	ISO 14001		ISO 9001	
	関連	ターゲット	関連	ターゲット
15 陸の豊かさを守ろう	○	15.1, 15.2, 15.3, 15.5, 15.8, 15.9	—	—
16 平和と公正をすべての人に	—	—	—	—
17 パートナーシップで目標を達成しよう	—	17.16, 17.17	—	17.16, 17.17

また，ISO 14001 については，ISO/TC 207 が "UN Sustainable Development Goals — can ISO 14001 help? - Yes!"（「SDGs に ISO 14001 は役に立つか？ イエス！」）を発表している．ここでは，ISO 14001 に関連するターゲットも示されている．

これらを参考に，ISO 14001 に関連するゴール及びターゲットを同表に示した．例えば，ターゲット 1.5 は貧困層の強靭性の構築であるが，強靭性を構築すべき中に「極端な気象現象やその他の経済，社会，環境的な打撃や災難」とあり，気候変動に ISO 認証取得組織が取り組むことで間接的に貧困の解決に貢献できることを示している．

ISO 9001 の場合は，最も関連が深いのはゴール 9（インフラ・産業化・イノベーション），ゴール 12（持続可能な生産と消費）である．ISO 9001 に関連するキーワードとして技術開発，持続可能性に関する教育，製品・サービス付加価値向上，持続可能な産業，資源効率化，化学物質管理，廃棄物管理（不適合品），ロス管理（原材料，エネルギー），パートナーシップ（調達先，委託先）を想定し，品質向上への取組みによって貢献できるターゲットをあげている．

ISO 14001 と ISO 9001 とでは，重なるゴール，ターゲットは多くある．廃棄物の発生抑制と不適合品削減が関連しているように，環境と品質への取組みが実際の活動としては同一であることは多い．

3.3　企業の SDGs への取組み

　企業が SDGs を導入する目的は，第 2 章の SDG コンパスに示した．ここでは，背景など，より広い意味で企業の SDGs への取組みをみていく．

3.3.1　SDGs と三方よし

　SDGs が日本国内で広がっている理由の一つが，事業活動を通じ持続可能な開発に貢献するという考え方が日本企業に受け入れられやすいことがある．日本の企業は顧客に提供する製品，サービスを通じて社会に貢献するという考え方を自然にもっている場合が多い．儲け一辺倒ではなく，顧客のため，ひいては社会に役立つ仕事をしたいわけである．

　経営者は日頃，自社が仕事を通じ，社会に貢献しているといっている場合があるが，手前勝手な主張ではなく，SDGs に貢献していることが示せれば，自社は社会に役立っているという論理性が得られる．また，従業員も「何のために働くのか納得して仕事をしたい」「社会に貢献している，社会に役立っているという実感を得たい」だろう．

　日本では「三方よし」という近江商人がモットーとした言葉がある．近江商人は，近江（滋賀県）に本拠を置き，江戸から明治にかけて日本各地で活躍した．近江商人は，「買い手よし，売り手よし，世間よし」の「三方よし」の精神をもっていたといわれる．ここで着目したいのは，世間よしであり，商人は世間に貢献する仕事をすることが重要との考えである．近江商人を創業者とする伊藤忠商事株式会社は，今も企業理念として「三方よし」を掲げている．

　仕事を通じて社会に貢献するとの考えは，海外企業にとって逆に新しいものとして捉えられているようだ．米国の経営者団体であるビジネス・ラウンドテーブル（Business Roundtable：BRT）は「会社の目的」に関する声明文を2019 年に公表した．ここで，同団体はこれまでの「株主第一主義」を見直し，「すべてのステークホルダーの利益に配慮する」ことを会社の目的とした．また，ダボス会議 2020 の主要テーマの一つが「ステークホルダー資本主義」で

あった. 日本の「三方よし」の考えが, 世界にも広がり始めているといえる.

　社会が持続可能でなければ, 企業も存続できない. 企業が持続可能であるためには, 社会に必要とされる仕事をすることである. 日本は創業 100 年以上の長寿企業が多いのは, 社会に貢献するという長期的な視点での経営が根付いていることが影響しているのだろう.

　SDGs に取り組むというと難しく感じられるかもしれないが, 基本は「三方よし」である. これは, 社内に SDGs を広げる際にもキーワードにもなる. 社会に役立ち, 顧客に喜ばれる仕事により, 会社を発展させようというのは, 多くの社員の理解を得やすい.

3.3.2　三方よしと CSV

　日本の三方よしの概念に近いものとして, 海外では "CSV"（Creating Shared Value：共通価値の創造）が提唱されている. CSV は, 第 2 章でも述べたマイケル・E・ポーター氏が 2011 年に発表した論文『Creating Shared Value』（邦題：『共通価値の戦略』）で示した概念である. CSV は, 企業などが社会のニーズや問題に取り組むことで社会的価値を創造し, 同時に経済的価値を創造するというものである. 2.1.1 項（ステップ 1：SDGs を理解する）（32 ページ）で「将来のビジネスチャンスになる」ことを紹介したが, CSV は社会の課題を解決することをビジネスにすることを目指している.

　三方よしと CSV の考えに大きな差はないともいえるが, CSV は社会の課題解決により, 企業としての利益も得ることを重視しており, より企業戦略的な意味合いが強い. こうした考えが出てきた背景として, 海外企業は株主のために利益を最大化することを優先させがちであり, 社会とどう向き合うかが, 弱かったことがあると推察される.

3.3.3　SDGs のどの分野に取り組むか

　2.3.1 項（50 ページ）で, SDGs のゴールと企業が取り組むべき方向には, バリューチェーンの取組みと社内基盤整備の 2 種類あることを説明した（図 3.1）.

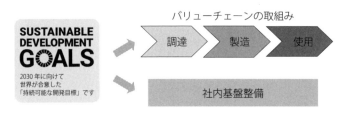

図 3.1　SDGs を取り込む方向性

　ここで，SDGs のゴールと企業のバリューチェーン，社内基盤整備の事業活動との結びつき（紐づけ）の事例を紹介する．表 3.2 は国内企業がどのゴールに取り組んでいるか，統合報告書，CSR 報告書，その他公表資料に示された範囲で整理したものである．参考にした資料では，必ずしもバリューチェーン，社内基盤整備に分けていないため，筆者が振り分けている．さらに，バリューチェーンは，

① 自社の製品・サービスの提供による貢献
② 社内における取組み

に分けている．

表 3.2　持続可能な開発目標と組織の取組み

ゴール	バリューチェーン		基盤整備
	① 製品，サービス	② 社内取組み	
1 貧困	災害保険，防災関連商品	フェアトレード，持続可能な調達	―
2 飢餓	食品（開発途上国向け）	持続可能な農業支援，食品産業育成，産地育成，フェアトレード，フードバンクへの食品提供（余剰商品，非常食）	―
3 健康な生活	食品，医薬品，医療支援，フィットネスサービス，健康診断，交通事故防止技術，健康情報提供	―	社員の健康維持・向上，福利厚生充実

表 3.2　（続き）

| ゴール | バリューチェーン | | 基盤整備 |
	① 製品，サービス	② 社内取組み	
4 教育	教育サービス，文具，教材	工場見学・出前授業による地域の教育支援	社員研修
5 ジェンダー	保育サービス，介護サービス，家電製品，ファッション，女性の資格教育	—	女性の活用，男女雇用均等，ダイバーシティ実現
6 水	水道施設，下水道施設，水質管理，公共トイレ	水資源保全，水の使用効率，水の循環利用，水質改善	—
7 エネルギー	発電・ガス事業，クリーンエネルギー発電，燃料電池	省エネ，再生可能エネルギー利用	—
8 雇用	雇用紹介サービス，産業ロボ・自動化	地域産業支援，サプライヤー支援，児童労働・強制労働を行う取引の排除	雇用確保，雇用条件改善，外国人労働者・高齢者雇用，ワークライフバランス，働き方改革
9 インフラ	港湾・防災等インフラ	生活改善支援	イノベーション，新規事業開発
10 不平等是正	—	フェアトレード，持続可能な調達，寄付行為，ユニバーサルデザイン化	雇用条件改善（例：同一労働同一賃金，性別・国籍・障がいによる差別の撤廃）
11 安全な都市	都市計画，高品質住宅，防災，リフォーム，バリアフリー，PPP（官民連携事業）	大気汚染防止，廃棄物削減，各種地域貢献，災害時の施設提供	—
12 持続可能な生産・消費	製品の有害物質不使用・長寿命化・高耐久性・高分解性，容器包装への配慮，メンテナンスサービス	3R，持続可能な調達，資源の効率的な利用，ロス削減	環境・持続可能性に関する情報公開

表 3.2　（続き）

ゴール	バリューチェーン		基盤整備
	① 製品，サービス	② 社内取組み	
13 気候変動	省エネ製品，再生可能エネルギー発電，林業関連商品	省エネルギー，再生可能エネルギー利用，スコープ 3 の CO_2 削減	温暖化への適応（クールビズ，熱中症防止策，BCP）
14 海洋	—	排水水質改善，プラスチック使用削減，持続可能な調達（MSC 認証など），原料生産地の自然・生態系保護	—
15 生態系・森林	—	社内緑化，所有林等の生物多様性保全，ペーパーレス化，持続可能な調達，原料生産地の自然・生態系保護	—
16 法の支配等	防犯機器，危険物除去サービス	—	ガバナンスの強化，コンプライアンス強化，反社会勢力との関係遮断
17 パートナーシップ	—	国際協力，地域団体協力，NGO 協力，途上国への技術移転，原材料調達元と連携し，人権，環境等に配慮した活動	—

　この例からわかるように，バリューチェーンにおける取組みのうち，①の製品・サービスに関連するものは，業種により何に取り組むか決まることが多い．バリューチェーンの②自社内の取組みと基盤整備は，業種，規模に関連せず取り組むことが可能であるが，重点の置き方は大きく変わる．例えば，水を大量に使用する業種においては，水への取組みはより重要である．基盤整備は社内の改善であり，業種，規模を選ばない．

業種で取組みの方向性が出る一例として，ビール製造を主とする酒造メーカー4 社の 2018 年度における SDGs のゴールに関する取組みを紹介する．4 社共通にあがっているのはゴール 3（健康な生活），ゴール 6（水・衛生），ゴール 12（持続可能な生産と消費），ゴール 13（気候変動）であった．

ゴール 3（健康な生活）はターゲット 3.5 でアルコールの有害な摂取，つまり酒の飲みすぎによる健康阻害が示されており，酒造メーカーとしての健康な飲み方を提示する必要が求められる．

ゴール 6（水・衛生）はターゲット 6.4 で水利用の効率改善，ターゲット 6.6 は水に関連する生態系の保護・回復があり，水を大量に使用する組織として関連している．

ゴール 12（持続可能な生産と消費）はターゲット 12.3 で食品ロス削減，ターゲット 12.4 で製品ライフサイクルにおける廃棄物の管理，ターゲット 12.5 で廃棄物の発生防止，削減，再生利用及び再利用とあり，食品会社であり，かつ容器包装を多量に使用しているため妥当である．

また，ゴール 13（気候変動）はターゲット 13.2 に「気候変動を国の計画に入れる」とある．日本国内において，これら組織は省エネ法（エネルギーの使用の合理化等に関する法律），温対法（地球温暖化対策の推進に関する法律）の適用があり，エネルギーを大量に使用し，CO_2 を排出していることから，関連する取組みである．

実際に自社が SDGs の何に取り組んでいるかを示す場合，17 のゴールにできるだけ多く取り組んでいるといいたいかもしれない．しかし，ゴールに数多く取り組むより，どれだけ深く取り組むかがより重要である．また，外部に公表する場合は，自社とそのゴールがどう関連しているか説明責任が伴う．

ゴールのどこに明瞭に関連している，ターゲットのどこと結びついているかを整理をしておくことが必要である．この際には SDG コンパスのロジックモデルを活用するなど，論理を整理しておくとよいだろう．

3.3.4　紐づけから戦略へ

SDGs を取り組む方向性には大きく 2 種類ある．一つは組織の現事業が持続可能な開発目標のどこに関連するかを確認する（紐づけ）方法，もう一つは持続可能な開発目標から，組織の現業を見直す（戦略決定）方法である．

紐づけの場合，現在の事業が持続可能な開発目標に貢献できていることを把握できる．自社の事業が社会に求められていることを確認し，事業の方向性に問題がないとの自信をもつためにはよいだろう．一方，紐づけは現在の事業を継続しているだけであり，持続可能な開発のために事業の方向性を変えているわけではない．

戦略決定の場合は，自社の事業内容を見直し，SDGs に照らし，社会にどう貢献できるか方向性を決め，社会へ新たな価値の創造（イノベーション）をするわけである．

SDG コンパスは一見，現事業の紐づけをしているだけのように見えるが，SDG コンパスでは「現在影響を与えているか，与える可能性があること」を領域として特定するとある．与える可能性があることとして，現在事業としてあるものだけではなく，開発中や計画中，将来実施する可能性があるものを含めて検討すべきであろう．

また，図 2.8（SDGs 重要度マッピング，55 ページ）では，持続可能な開発目標に関連する領域のうち，特に重要度が高い領域を決定することを提案している．重要度が高い領域を決定することは，事業の方向性を決め，資源を重点配分することであり，これは戦略決定である．

表 3.2 で SDGs と現状での組織の取組みを整理したが，まだ紐づけの段階の組織が多いと感じられる．SDGs のゴールに関連していることを示しているが，自社にとって何がより重要であり，今後注力していくのか見えないのである．

第 5 章で ESG 投資と SDGs の関連を示すが，投資家は投資する企業の成長性を含めた持続可能性に期待している．投資家にとって，紐づけは組織の事業内容が持続可能性に照らして外れていないか確認できるが，成長できるかは評

価できない．投資家は，成長性が見える企業に対し，魅力を感じるのではないか．

3.3.5 全組織での SDGs への取組み

全組織で SDGs の取組みを展開する場合，従業員一人ひとりが SDGs への認識をもつことが大切である．ここでは，個々の従業員が SDGs に取り組むためのツールを二つ紹介する．これらのツールを使い，個人で何かできることを考えることは，SDGs が自分に関連することとして感じる機会にもなる．SDGs のゴールに関連する個人目標を設定している会社もある．

（1）グッド・ライフ目標

グッド・ライフ目標とは，国際的な持続可能性戦略コンサルタント及びクリエイティブエージェンシーである Futerra が，日本政府，スウェーデン政府，IGES，SEI（Stockholm Environment Institute：ストックホルム環境研究所），ユネスコ，国連環境計画，WBCSD の支援のもとで，SDGs の理解と行動への取組み方法を向上させるために策定したものである．世界中のだれもが持続可能な開発目標のために実行できる個人行動として作成された．なお，文章，図，イラストは，クリエイティブ・コモンズ（著作権利用に関する，アメリカの国際的非営利団体）が登録を行っている．

17 あるグッド・ライフ目標は，各目標は簡潔な見出しと絵文字に加えて，五つのアクションを備えている．五つのアクションについて，次の説明がされている．

- ・最初のアクションは，「学ぶ」ことです．これは，子ども達や生活様式に制限のある人々でも誰にでも実践が可能なアクションです．
- ・これに続く 3 つのアクションでは，具体的な行動の変化を必要とされています．生活様式・習慣の変化あるいは費用の負担を要する行動が挙げられています．
- ・これらの内，少なくとも 1 つのアクションはポジティブで楽しい行動として設定されています．

> ・最後から 2 番目のアクションは中所得者や過剰消費者に対する要請で
> あり，難易度の高いアクションとなっています．
> ・最後のアクションは政治・ビジネス・地域社会等の指導者に対する変
> 化の要請として設定されています．

　ここでは，紙幅の都合もあり，環境問題として重視されている食品ロス
（ゴール 12），気候変動（ゴール 13），海洋プラスチック問題（ゴール 14）に
ついて紹介する（図 3.2）．すべてのグッド・ライフ目標を知りたい場合は，
WBCSD が運営する "SDG Bisiness Hub" のウェブサイト（sdghub.com）
を参照されたい．日本語の資料も準備されている．

図 3.2　グッド・ライフ目標の一例
（出典：グッド・ライフ目標，SDG Bisiness Hub／
クリエイティブ・コモンズ）

（2） ナマケモノにもできるアクション・ガイド

　次に紹介するのが「持続可能な社会のためにナマケモノにもできるアクショ
ン・ガイド（改訂版）」（The Lazy Person's Guide to Saving the World）であ
る．これは，国連が作成し，国連広報センターが翻訳したもので，次の案内が
ある．

　「変化はあなたから始まるのです．真面目な話．ナマケモノも含めて，地球
上の私たち一人ひとりが，一緒になって問題を解決するのです．幸運なことに，
私たちが日常生活ですごく簡単に取り入れられる行動もあるんです．私たちみ
んなが実践すれば，世界は大きく変わります．」

　「できること」にはレベル 1 からレベル 4 まである（図 3.3）．これも概要を
抜粋・要約で紹介する．詳細は，国連広報センターのウェブサイト（unic.
or.jp）を参照されたい．

レベル1 **ソファに寝たまま できること** SOFA SUPERSTAR	・請求書が来たら銀行窓口でなく，オンラインかモバイルで支払おう． ・必要のない照明を消そう． ・印刷はできるだけしない． ・オンライン検索で持続可能で環境にやさしい取組みをしている企業を探し，そこの製品を買おう．等
レベル2 **家にいてもできること** HOUSEHOLD HERO	・生鮮品や残り物，食べきれない時は早めに冷凍しよう． ・堆肥を作ろう． ・紙やプラスチック，ガラス，アルミをリサイクルしよう． ・できるだけだけ簡易包装の品物を買おう． ・古い電気機器を省エネ型の機種に取り換えよう．等

図 3.3　持続可能な社会のためにナマケモノにもできるアクション・ガイド
（抜粋）〔出典：国際連合広報センター（unic.or.jp）〕

 レベル3 家の外でできること NEIGHBOURHOOD NICE GUY	・買い物は地元で. ・「訳あり品」を買おう. ・サステナブル・シーフードを買おう. ・詰め替え可能なボトルやコーヒーカップを使おう. ・紙ナプキンをとりすぎない. ・ビンテージものを買おう. ・使わないものは寄付しよう. 等
 レベル4 職場でできること EXCEPTIONAL EMPLOYEE	・若者の相談相手になろう. ・通勤は自転車，徒歩または公共交通機関で. ・声をあげよう. 人間にも地球にも害を及ぼさない取組みに参加するよう，会社や政府に求めよう. ・日々の決定を見つめ直し，変えてみよう. ・労働にまつわる権利について知ろう. 等

図 3.3 （続き）

3.4 企業はなぜ SDGs に取り組むのか

ここでは，企業がなぜ持続可能性に取り組むかを整理したい. 図 3.4 は企業が SDGs に取り組む理由を三つにまとめたものであり，自社の持続可能性を高める内容である. 社会の持続可能性に貢献することは，自社の持続可能性を高めることになるのである.

① ビジネスを創出し，成長する

社会の課題があり，それを解決することは，市場としては成長分野でもある. 事業戦略としてこの分野に経営資源を投入し，事業として成立させ，企業としての成長を図ることができる.

② 社外の評価を得る

第5章でも述べるが，投資家が投資先における ESG への取組みを確認する

●ビジネスを創出し，成長する
・社会的課題を解決によって，利益を上げる

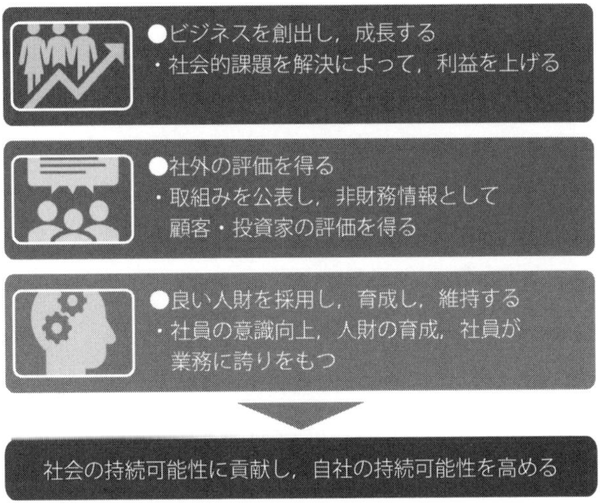

●社外の評価を得る
・取組みを公表し，非財務情報として
　顧客・投資家の評価を得る

●良い人財を採用し，育成し，維持する
・社員の意識向上，人財の育成，社員が
　業務に誇りをもつ

社会の持続可能性に貢献し，自社の持続可能性を高める

図 3.4　企業が SDGs に取り組む理由

ことはもはや常識的である．なかでも SDGs への取組みは，重要な評価項目になっている．また，顧客も投資家から評価を得るため，バリューチェーンの一環である取引先が SDGs に取り組んでいるかを確認してくる．社外の評価を得るためには SDGs への取組みが欠かせない．

③　よい人財を採用し，育成し，維持する

ISO でリスクと機会を決定した結果において，多くの企業で人材不足（数，技術，能力）があげられる．「企業は人なり」であり，「人材こそが最大の財産である（＝人財）」と考える企業は多い．SDGs に取り組むことは，社会に求められる会社になることであり，そこで働くことに魅力を感じる社員は多い．また，SDGs は社内の基盤整備にも適用されるため，働きやすい環境が整備されるはずである．SDGs に取り組むとは，人財の確保，育成につながる．

第4章　SDG コンパスを使った SDGs の ISO への展開

　本章では，SDG コンパスを使い SDGs を ISO へ展開するための二つのケーススタディを紹介する．いずれのケースも架空の会社ではあるが，業務内容は実際に近い形で設定しており，「当社」として紹介する．

　ケーススタディ 1 は，惣菜製造会社であり，ISO 14001 を導入している．ケーススタディ 2 は，金属部品製造会社であり，ISO 9001 を導入している．

4.1　ケーススタディ 1―惣菜製造会社の事例

1.　企業データ

項　　目	内　　　　容
会社名	A 惣菜株式会社
業　務	食品製造業（弁当，おにぎり，調理パン　等）
顧　客	地域スーパーマーケット等への販売
規　模	社員 30 人，パート社員 100 人，派遣社員 100 人
認　証	ISO 14001，HACCP

2.　当社の概要

　A 惣菜株式会社は 1975 年に設立され，地域スーパーマーケット向けの弁当，おにぎり，調理パンなどの中食を製造している．顧客である地域スーパーマーケットは全国展開スーパーマーケットに対抗し，地域の新鮮な農産物などを販売し，惣菜に地域の食材を取り入れることで消費者の支持を得ている．当社のISO 14001 認証取得は 2010 年であり，他にも HACCP の認証を得ている．

　当社の ISO 14001 認証は取引先から要請されたわけではなく，社長が「企業における環境への取組みは必須であり，社員の認識向上，コスト削減効果を

期待して」始めた．社員は 30 人で総務，製品開発，品質管理，製造管理，施設管理を主に担当している．現場はパート社員（パートタイム労働者），派遣社員（ここでは，外国人労働者）を含めて 200 人になる．

3.　ISO 14001 の取組みと SDGs

ISO 14001 の環境方針では，理念として「地域社会への貢献」をあげ，自社の環境への取組みとしては，

① 　温室効果ガスの削減
② 　食品リサイクル率の向上
③ 　安全・安心な惣菜による健康な生活への貢献

をあげている．環境目標もこれに沿った形で，電気・燃料使用量削減，食品リサイクル率 100 ％，地域農産品使用を設定している．

食品リサイクル率は 100 ％であり，これ以上の改善は望めず，電気使用量，燃料使用量の削減も頭打ちになっている．地域農産品使用や，減塩惣菜提供はもっと提案をしてほしいとの地域スーパーマーケットからの要請もあり，積極的な取組みを始めている．

SDGs への取組みは社長の発案であり，SDGs への取組みは「地域社会への貢献」という理念にかなっており，自社でもできることがあること，若干マンネリ化している環境への取組みを活性化するために始めた．

4.　バリューチェーン分析

当社バリューチェーンと SDGs の関連を検討した．バリューチェーンにおける当社の事業活動とゴール及びターゲットの関係は，表 4.1 の関連性があると分析した．惣菜の提供そのものがゴール 2（飢餓）に関連しているとの意見もあったが，市場が日本国内だけであり，飢餓そのものに貢献しているとはいえないとのことで除外している．

ゴールだけでなく，どのターゲットに関連しているかも記載し，関連性を明確にしている．ここでは重要度は関係なく，今後，実施を考えるものを含めて

幅広く取り上げた．また，複数のゴールに関連すると考えるものは，区別せず
に両方にあげている．

　今後取り組むことを考えているものとして減塩惣菜提供（ターゲット 2.2），
容器包装のプラスチック削減（ターゲット 14.1），MSC 認証[*4]水産物利用
（ターゲット 14.4），社員教育制度の充実（ターゲット 4.4），多様な働き方制
度（ターゲット 8.5）をあげた．また，食品リサイクル率の向上ではなく，食
品ロスの削減（ターゲット 12.3）をあげた．現在事業として実施しているも
のを SDGs のゴールに紐づけするだけでなく，社会に求められる会社になる
ためには，会社の方向性を変える必要があると考えたためである．

表 4.1　惣菜製造会社バリューチェーンと SDGs の関係

ゴール	調達	製造	輸送	使用	廃棄
2（飢餓）	2.4：地域の農産品活用	—	—	2.2：減塩惣菜提供	—
6（水）	—	6.4：水使用量の削減	—	—	—
12（持続可能な消費・生産）	—	12.3：食品ロス削減	—	—	12.3：食品ロス削減
7（エネルギー），13（気候変動）	—	7.3 エネルギー効率改善，13.2：製造における省エネ	7.3 エネルギー効率改善，13.2：輸送における省エネ	—	—
14（海洋）	14.4：MSC認証水産物利用	—	—	—	14.1：容器包装のプラスチック削減

---

*4　MSC 認証：MSC（Marine Stewardship Council：海洋管理協議会）の認証制度．
　　持続可能な漁業で獲られた水産物には MSC ラベル，通称「海のエコラベル」を貼付
　　できる．

表 4.1   （続き）

■社内基盤整備

ゴール	取組み内容
4（教育）	4.4：社員教育制度の充実
8（雇用）	8.5：多様な働き方制度
15（生態系・森林）	15.4：地域の植林活動への参加

　これらをマッピングすると図 4.1 のようになる．正の影響の強化として，地域農産品の活用，減塩和食惣菜をあげた．これらは，社会にプラスの価値を提供すると考えたためである．環境側面でも有益と有害の考えがあるが，これは区別することが目的ではなく，自社の重要な環境側面を漏れなく抽出するためのものである．SDGs のマッピングでも同様に，正の影響，負の影響の考えを取り入れた．

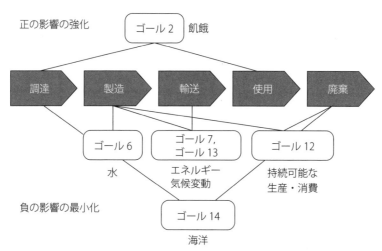

図 4.1　惣菜製造会社におけるバリューチェーン SDGs マップ

5. 指標の選択

　ロジックモデルを使い，SDGs に貢献する事業活動の指標を選択する．ここではバリューチェーン分析で抽出したすべての活動ではなく，主なものを紹介する．

　指標は SDGs に取り組んだ結果，社会において，改善が期待される指標と自社で活動を測定できる指標の 2 種類ある．例えば，"1. 地域の農産品活用"では，社会での改善が期待される指標は，地域農業生産額であり，自社で活動を測定できる指標は地域農産品調達金額である．社会において改善が期待される指標は，自社の活動との因果関係が確認できない場合が多いが，自社の取組みが SDGs の何に貢献するか明確にするため抽出した．

表 4.2　惣菜製造会社のロジックモデル

投入	活動	産出	結果	影響	指標
地域の農産品	1. 地域農産品活用（地域の農産品を活用し，惣菜を製造）	地域農産品を使用した惣菜	地域の農業活性化	2.4: 持続可能な農業への貢献	地域農業生産額，耕作放棄地面積，地域農産品調達金額，地域農産品使用比率
商品開発への投資，食材	2. 減塩惣菜提供（減塩惣菜のレシピ開発・製造）	減塩惣菜	地域消費者の健康	2.2: 地域の栄養改善への貢献	地域健康寿命，減塩惣菜開発数，減塩惣菜販売額
商品開発への投資，食材	3. 食品ロス削減（スーパーでの食品ロス削減につながる開発・製造）	食品ロス削減につながる商品	スーパーでの食品ロス削減	12.3: 食品廃棄物の削減	スーパーでの食品ロス量，食品ロス削減につながる商品開発数
電気，燃料	4. 製造，輸送における省エネ（製造，輸送における省エネルギー活動）	製造，輸送におけるエネルギー削減	CO_2 削減	7.3: エネルギー効率改善，13.2: 温暖化への貢献	CO_2 排出量，電気・燃料使用量

表 4.2 （続き）

投入	活動	産出	結果	影響	指標
容器包装開発の投資	5. 容器包装のプラスチック削減（プラスチック使用を削減した容器包装開発）	容器包装のプラスチック削減	プラスチック廃棄量削減	14.1：プラスチック廃棄物の削減	プラスチック廃棄物量，容器開発数，当社プラスチック使用量
多様な働き方への投資	6. 多様な働き方制度（社員の多様な働き方制度の整備）	多様な働き方制度	多様な働き方の利用	8.5：生活の状況による生産的な働き方	多様な働き方利用数，社員の満足度

① "1. 地域農産品活用"

　地域農産品を活用し，地域の農業の活性化に貢献するともに，消費者には生産者の顔が見える安全・安心な食材を使用していることをアピールするものである．地域の農産物を利用することは，地産地消，フードマイレージ*5 削減にもつながる．

　期待される効果は，地域の農業の活性化であり，指標としては地域の農業出荷額，耕作放棄地の面積削減があるが，実際には当社がこうした指標に影響を与えているか，因果関係を示すことは難しい．ISO 14001 では安全・安心な惣菜提供を環境方針で掲げており，地域農産品使用数を目標値として掲げている．

② "2. 減塩惣菜提供"

　消費者の健康志向もあり，惣菜においても健康に貢献するものが求められる．食品表示法では，栄養成分表示が義務化され，食塩相当量の表示が必要となっている．従来品より 3 割程度塩分を削減し，だしの風味をきかせた惣菜を開発している．

　指標として健康寿命をあげているが，これは WHO が提唱したもので「健

---

*5　品量×輸送距離（トン×キロメートル）を算出したものであり，移動による環境負荷を算出するもの．

康上の問題で日常生活が制限されることなく生活できる期間」と定義されている．平均寿命と健康寿命との差は，日常生活に制限のある「健康ではない期間」を意味する．

日本においては，2016 年でのこの差は男性 8.84 年，女性 12.35 年である．県別に健康寿命は公表されているが，これも当社活動との因果関係を数値的に把握するのは難しい．ISO 14001 で環境目標として設定している商品開発数，販売額を指標とすることを考えた．

③ "3. 食品ロス削減"

食品廃棄物の指標としては，食品リサイクル率があるが，惣菜製造過程で出る廃棄物は食品廃棄物を堆肥化する会社と契約しており，100 ％ リリイクルを達成している．食品リサイクル法でも製造業における再生利用等実施率目標は 95 ％ であり，法令上の目標を順守しているから SDGs に貢献しているとはいえないと考え，今回の抽出からは外している．

代わりに問題となっている食品ロス削減を SDGs に関連する事業活動としてあげた．食品ロスは「食べられるのに廃棄される食品」であり，食品製造の段階で発生する端材などは含まれない．例えば，スーパーマーケットでの食品が売れ残り廃棄したものが食品ロスに相当する．当社では，容器包装の工夫により鮮度保持期限を延長したり，1 人前ずつの個包装に変えたりしている．また，スーパーマーケットと協力し，消費期限を延ばすことができるチルドでの惣菜提供も始めている．惣菜の容器包装の蓋をシール化し，気密性を高め，ガスを注入して消費期限を延ばすことも検討している．

これらは，スーパーマーケットでの食品ロスの削減につながっており，スーパーマーケットと協力関係にあるため，食品廃棄量についても情報提供がある．

④ "4. 製造，輸送における省エネ"

製造過程においては，電気・ガスの使用，特にご飯を炊く際の IH 炊飯器での電気使用量が大きい．照明はすべて LED 化している．輸送は，地域に複数あるスーパーマーケットへの配送による燃料使用量が大きい．

当社は ISO 14001 を運営するうえでも省エネ活動を実施している．IH 炊飯

器の省エネタイプへの更新が考えられるが，費用がかかるため検討中である．輸送は，スーパーマーケットへの配送回数・配送ルールの適正化を推進している．チルドの商品が増えると消費期限に余裕ができるため，配送回数の見直しをスーパーマーケットと協議している．

ISO 14001 では，電気・燃料使用量削減を環境目標として設定している．

⑤　"5. 容器包装のプラスチック削減"

海洋プラスチック問題が環境の重要課題となっており，プラスチック容器の削減が取り組まれている．当社でも惣菜容器包装のプラスチック使用量の削減を検討している．プラスチックを薄肉化することや，紙容器と組み合わせて，プラスチック使用量を削減しようとしている．容器包装の蓋をフィルム化することもプラスチック使用量削減につながる．

これらは当社が単独でできることではなく，スーパーマーケット，容器包装会社と共同で開発している．マルチのパートナーシップで取り組んでおり，ゴール 17 にも関連している．

⑥　"6. 社員の多様な働き方"

製造現場では日本人のパート社員が中心であるが，不足は，外国人労働者に頼っている．従業員にとって働きやすい環境を整備することは，人材調達の面で必須となっている．従業員はさまざまな生活の状況を抱えているため，その状況に柔軟に対応するため，短時間労働の選択制，育児休暇制度，同一労働同一賃金制度の整備を進めている．指標としてはこの制度の利用者数，及び年1回実施している社員アンケートによる就業満足度を設定している．

6.　優先課題の決定

SDGs に関連する事業活動として 10 件あげているが，この中からどれを優先的に取り組むべきかを決定する．もちろんすべて実施することでも構わないが，会社としての重要度を確認し，そこに資源を優先的に割り当てることにした．

ここで優先的に取り組むことは，表 4.3 の網掛け部分の 6 項目である．

表 4.3 惣菜製造会社の優先課題の決定

ステークホルダーの評価	大	9. 地域の植林活動への参加	1. 地域農産品活用 2. 減塩惣菜提供 3. 食品ロス削減 4. 製造，輸送における省エネ 5. 容器包装のプラスチック削減 6. 多様な働き方制度
	小	10. MSC 認証水産物利用	7. 水使用削減 8. 社員教育制度の充実
		小	大
		企業の経済・環境・社会面の重要度	

　表 4.4 はこの結果に至る過程を示している．経済・環境・社会の重要度，ステークホルダーの評価の 2 軸で整理している．この重要度は時代の変化により変わるため，定期及び随時見直しを行い，何が優先課題なのかを決定する予定である．

　一例だが，海洋プラスチック問題は，数年前までならそれほど重要とみなされなかった環境問題である．今は社会的にその重要性に気づき，企業にも対策が求められている．

表 4.4 優先課題決定の理由

（○：高い　△：低い）

取組み事項	評価の考え	経済・環境・社会面の重要度	ステークホルダーの評価
1. 地域の農産品活用	顧客（地域スーパーマーケット）にとり，大手スーパーマーケットに対抗，差別化するために要請がある．当社事業を伸ばすために重要	○	○
2. 減塩惣菜提供	消費者の健康志向に沿った商品であり，当社事業を伸ばすために重要．消費者からの評判もよい．	○	○

表4.4　（続き）

取組み事項	評価の考え	経済・環境・社会面の重要度	ステークホルダーの評価
3.　食品ロス削減	食品ロスは社会的に問題になっている．顧客（スーパーマーケット）からの提案をしてほしいとの要請がある．	○	○
4.　製造，輸送における省エネ	当社コストに占める比率が高い．温暖化は社会における重要課題	○	○
5.　容器包装のプラスチック削減	海洋プラスチック問題は社会の重要課題である．顧客（スーパーマーケット）から改善の要請がある．	○	○
6.　社員の多様な働き方制度整備	地域の雇用を拡大し，当社の人材を確保するために必要	○	○
7.　水使用削減	水は地下水と上水を使用．地下水は豊富で地域の環境問題になっていない．上水の削減は必要だが，衛生面で限界がある．	○	△
8.　社員教育制度の充実	当社にとって人材育成は重要である．一方，就業希望者の関心は多様な働き方にある．	○	△
9.　地域植林活動の参加	地域の植林活動に参加しており，行政からの表彰されている．会社としては，参加希望者を集い，実施している．	△	○
10.　MSC 認証水産物	当社製品の中で水産物を利用する比率は少ない．消費者の MSC 認証の認知度も高くない．	△	△

7.　社内への展開

　次に，これらの SDGs に対する取組みを社内に展開する．当社は ISO 14001，HACCP の認証を得ている．当社の場合，一番基本となる経営の仕組みは，「経営理念→全社中長期経営計画→年度経営計画→部門業務計画→個人

目標」の目標管理システムである．ISO 14001 の環境目標は，これまでは，経営計画・業務計画とは別に立てていた．SDGs の導入を機に，環境目標と経営計画・業務計画を統合することにした（図 4.2）．

　具体的には，環境目標を経営計画・業務計画に組み入れ，進捗管理も業務管理と一体化することにした．環境目標と経営計画・業務計画を分けてきたことで，「環境のため」との名目での活動が，従業員にやらされ感が出ていたことを解消するためのでもある．

　SDGs への取組みのうち，すでに環境目標として設定していたのは「地域の農産品活用」「製造，輸送における省エネ」である．業務目標として設定していたのは「減塩物菜提供」である．従来からのこれらの目標の内容を見直し，取組みを促進するとともに，新たに「食品ロス削減」「容器包装のプラスチック削減」「多様な働き方改革」を目標として設定した．これらは，すべて会社の経営計画に含めるとともに，部門の業務目標として，開発部門，製造部門，生産管理部門，営業部門，総務部門に展開することにした．

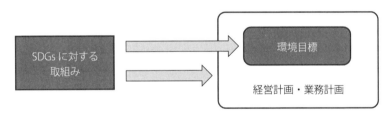

図 4.2 SDGs に対する取組みと目標展開

　また，ISO 14001 との整合性をとるため，これらの SDGs の取組みを「リスク及び機会」として位置づけて，ISO 14001 の要求に対応した．例えば，地域農産品を活用することは，事業上の機会になり，活用しないことはリスクになるとの整理である．また，リスク及び機会は管理が必要であり，必ずしも目標にする必要はないが，SDGs は改善することが求められているため，SDGs に関連するリスク及び機会はすべて目標とすることにした（表 4.5）．

　アウトサイド・イン・アプローチの考えを取り入れ，製造，輸送における省

エネに関連する長期目標として CO_2 排出量の削減を設定した．パリ協定における国の目標に合わせて「2030 年度までに 26％削減（2013 年度比）」を設定した．

表 4.5　SDGs の取組みと目標設定

取組み事項	目　標	解　説
1.　地域の農産品活用	地域の農産品を活用した製品の比率を 3 年で 50％にする．	現状は 30％，環境目標で取組み中．3 年間の中期目標を設定することにした．
2.　減塩惣菜提供	減塩惣菜を毎年 2 点開発し，提供する．	現状では取組みを開始したばかり．すでにある業務目標に開発数を指標として採用した．
3.　食品ロス削減	チルドによる惣菜をシリーズ化し，提供する．	スーパーマーケットからの要請もあり対応中．業務目標として新たに設定することとした．
4.　製造，輸送における省エネ	工場における原単位（出荷額）での電気使用量を前年比 2％削減する．輸送における燃料使用量を前年比 2％削減する．【長期目標】CO_2 排出量を 2030 年までに 26％削減	環境目標で取組み中．今後は業務目標の中で取り組む．
5.　容器包装のプラスチック削減	当社プラスチック使用量を 3 年で 30％削減する．	容器包装のプラスチックの使用量を削減することを新たに目標設定することにした．
6.　多様な働き方制度	本年度に多様な働き方制度を設計し，来年度から提供する．	新しい取組みとして設定した．

8.　環境方針の見直し

SDGs の取組みを推進し，環境目標と業務計画と一体化することにより，環境方針の内容が実態にそぐわなくなってきた．環境方針を「SDGs 方針」と変え，本文にも「SDGs に貢献すること」を追加した．従来の重点取組みである①温室効果ガスの削減（継続），②食品リサイクル率の向上→食品ロスの削減

（変更），③安心・安全な惣菜による健康な生活への貢献（継続）とし，④プラスチック利用の削減，⑤社員の働く環境整備を追加した．

ISO 14001 で要求される継続的改善，順守義務の維持の文言は残し，ISO 14001 との齟齬が生じないようにした．

念のため認証機関に，SDGs の取組みを ISO 14001 で実践し，さらに業務計画と統合するが問題ないかと確認したが，規格要求事項を満たしていれば，ISO 14001 の仕組みを使い，組織がさまざまな取組みを実施することは何ら問題ないとの回答が得られた．

9.　外部公表

外部公表は，当社のウェブサイトに掲載すること，顧客であるスーパーマーケット向けに説明資料を作成することにした．説明資料には当社が SDGs に取り組む理由（社長のことば），SDGs 方針，SDGs マップ（図 4.3），SDGs に関連する目標（表 4.5）を掲載した．

当社はスーパーマーケットに惣菜を販売しており，消費者には直接的には見えない存在であるため，外部公表する意味があるかとの議論もあった．社長から SDGs に取り組んでいることは，積極的に情報発信しようとの考えで掲載することにした．地元の新聞に当社の取組みが取り上げられ，スーパーマーケット店頭で惣菜の特長を示すポップを提供したことをきっかけに商品の認知度も上昇した．

顧客であるスーパーマーケットからは惣菜の売上げが上がっていること，食品ロスが減少していること，廃プラを使用した容器包装が減っていることから当社の SDGs への取組みは好評である．

新卒採用の際の説明でも，SDGs に取り組んでおり，社会の課題解決に努め，社員の働く環境の整備を進めていると説明すると，学生からはよい反応があるようになった．

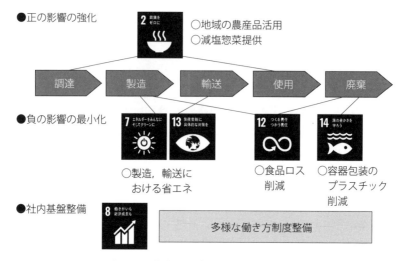

図 4.3　惣菜製造会社の SDGs マップ

4.2　ケーススタディ 2 —金属部品製造会社の事例

1.　企業データ

項　目	内　容
会社名	B 金属株式会社
業　務	金属部品製造業（アルミダイキャスト製品製造） ※ダイキャスト（ダイカスト）：金属を金型内に圧入し，金属製品を成形する方法
顧　客	自動車，建設機械，農機向け部品製造会社
規　模	社員 60 人，うち 10 人は外国人研修生
認　証	ISO 9001

2.　当社の概要

B 金属株式会社は，1960 年に創業し，アルミダイキャストメーカーとして，自動車部品，建設機械部品，農機向け部品を製造している．社員は 60 人であ

り，外国人技能実習制度に基づくフィリピン，ベトナムからの研修生も 10 人いる．

　当社は，ISO 9001 の認証を取得している．顧客から強く要請されたわけではないが，顧客からのアンケートで ISO 9001 の認証を確認されることがあり，社長の判断で認証取得を決めた．ISO 14001 の認証の予定について顧客から聞かれることがあるが，省エネの取組み，廃棄物削減の取組みは，不適合品をなくすことで達成できると考えており，認証取得はしていない．

3.　ISO 9001 の取組みと SDGs

　品質方針では，①顧客満足の向上，②品質の継続的改善をあげている．これにつながる品質目標は，顧客クレーム数削減，品質不適合品削減（社内検査分），納期遅れゼロ，顧客アンケートにおける満足度向上である．

　顧客クレーム数は少ないとはいえず，品質管理部門は顧客から要求がある都度，是正処置を行い，報告書としてまとめており，顧客アンケートでもいろいろと注文がある．社内検査で止められればよいが，社内検査では OK でも顧客からは NG となるケースがある．社内検査で不適合となる品も多く，エネルギーのロス，工数のロスとなっている．不適合品となる予想数だけ多めに製造をしており，不適合品は再度原材料として利用しており廃棄物にはなっていないが，エネルギー消費，作業工数の増加につながっている．

　自動車メーカーは SDGs に取り組んでいるが，当社のような小規模な部品メーカーまで取組みを聞かれることはない．しかし，社長は，SDGs は環境を超えた内容を含んでおり，取り組むことで結果的に経営体質の強化になり，会社の持続可能性（継続性）に役立つと考えており，社長の指示で始めることにした．

　社長からは，SDGs と環境は整合性のある内容が多いが，品質の場合は何をすることが SDGs への貢献になるか明確にすること，取引先には ISO 14001 ではなく，SDGs に取り組んでいることを明瞭に説明できるようにとの要望があった．

4. バリューチェーン分析

当社バリューチェーンにおけるSDGsの関連性を検討した.

表4.6　金属部品製造会社バリューチェーンとSDGsの関係

ゴール	調　達	製　造	輸　送	使　用	廃　棄
12（持続可能な消費・生産）	—	12.2：不良品削減	—	—	—
7（エネルギー），13（気候変動）	—	7.3：エネルギー効率改善，13.2：製造における省エネ	7.3：エネルギー効率改善，13.2：輸送における省エネ	7.3：エネルギー効率改善，13.2：製品軽量化	—

■社内基盤整備

ゴール	取組み内容
4（教育）	4.3：技術教育の充実 4.4：社員教育の整備 4.5：教育機会の均等

　これらをSDGsマッピングすると図4.4になる. 正の影響の強化としては, 提供している製品の薄肉化などによる軽量化, 鉄部品から当社アルミ部品へ置き換えることでの軽量化とし, 車両の軽量化に貢献することで燃費向上になることをあげた.

　負の影響の最小化としては, 従来からISO 9001で活動している不良品削減, 新たに製造, 輸送における省エネ, 社内基盤整備として社員教育整備をあげることにした. 社員教育整備をあげたのは, 社員教育による人材育成が不良品削減, 製品軽量化, 省エネとすべてにつながると考えたためである.

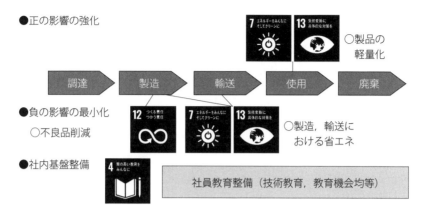

図 4.4　金属部品製造会社におけるバリューチェーン SDGs マップ

5.　指標の選択

SDGs マップで選択した事業活動のロジックモデルを作成した.

表 4.7　金属部品製造会社のロジックモデル

投入	活動	産出	結果	影響	指標
アルミニウム合金	1. 製品軽量化（製品の軽量化, 鉄部品代替）	軽量化されたアルミ部品, 鉄代替アルミ部品	軽量化による車両の燃費向上	7.3 エネルギー効率改善, 13.2 温暖化への貢献	車両燃費, 従来製品と比較した部品の軽量化率
アルミニウム合金	2. 不良品削減	従来に比較し, 多い良品	不良品減少	12.2 天然資源の持続可能な管理	製品不良率
電気, 燃料	3. 製造, 輸送における省エネルギー活動	製造, 輸送におけるエネルギー削減	CO_2 削減	7.3 エネルギー効率改善, 13.2 温暖化への貢献	CO_2 排出量, 電気・燃料使用量, 原単位当たりの電気・燃料使用量
社員教育制度整備企画時間	4. 社員教育整備（技術教育, 教育機会均等）	社員教育プログラム	社員力量向上	4.3 技術教育, 4.4 技術スキル, 4.5 職業教育の公平性	社員教育時間, 社外資格取得者数, 社内資格者数増加率, 手順書改訂率

① 　1.　製品の軽量化（製品の計量化，鉄部品代替）

当社主力製品であるアルミダイキャストの顧客は車両部品会社である．車両は燃費向上を目指し，軽量化が進められている．アルミダイキャスト部品としての機会は，従来鉄であった部品をアルミ部品に代替すること，リスクはアルミ部品が樹脂部品に代替されることである．

このため，アルミダイキャスト部品を鉄部品と同等以上の強度と耐久性をもつようにする必要がある．また，樹脂部品に対抗し，形状の工夫などによって薄肉化による軽量化を進めている．

これらは当社単独でできるものでなく，素材メーカーと協力し，車両部品会社に提案をしている．これまでは，開発部門の業務計画には含まれていたが，品質目標とはしていなかった．SDGs への取組みとして従来部品（鉄製品又は既存アルミ製品）を対象に，これら部品の軽量化率を指標とすることにした．結果的に車両の燃費向上に貢献し，地球温暖化対策になることをあらためて確認した．

② 　2.　不良品削減活動

ISO 9001 の主活動であるが，社内検査での不良品，顧客からの受入れ検査での不良品の数がなかなか減らない．SDGs の導入を機に，なぜ不良品が減らないのか検討し，個々の不適合に対しては，原因究明，是正処置を実施しているが，根本となる 4M（Man：人，Machine：機械，Method：方法，Material：材料）の条件と不良品の因果関係の分析ができていないとの意見が出た．また基本となる人の育成を強化するする必要があるとの意見も出た．これらのことを踏まえて従来設定していた品質目標の内容の「○○製品不適合率○％」は変えないが，4M 分析，人材育成を実施事項として追加することにした．

③ 　3.　製造，輸送における省エネ

製造では電気・ガスの使用，特にアルミ原材料の溶融炉に LP ガスを使用しており，このエネルギー使用量が大きい．一方，品質の維持には LP ガスの削減は難しく，省エネのためには不良数をカバーするため余分に製造している製品を削減するのが一番である．LP ガス使用量，電気使用量の絶対量は，生産

数量に連動するため，原単位を使用アルミ原材料の量とし，LP ガス，電気の指標を設定することにした．原単位を生産数にしなかったのは，部品にもさまざまな種類があり，エネルギー効率を計る単位としては適切ではないと考えたためである．

　また，製品輸送は自社トラック 2 台，営業車 1 台と外部委託で対応している．自社所有トラックの配送効率を上げるため，複数の部品会社の納品日にあわせて効率よく回ることにしている．一方，効率よく回ることは，これまでも実施しており，改善余地はあまりない．車両の燃費を向上させるために「エコドライブ 10 のすすめ」があると聞き，これを順守することとした．業務量により燃料の使用量は増減するため，燃費を指標とすることにした．

　④　4. 社員教育制度の整備（技術教育，教育機会均等）

　不良が減らないのは，人材育成ができていないことが原因との意見が出ており，社員教育制度全般を見直すことにした．

　品質管理の基本であり，教育資料でもある作業手順書は，従来文書中心で読みづらいため，フローと写真でわかりやすくし，管理ポイントは数値化するなど再構築をすることにした．また力量基準も詳細な部門，おおざっぱな部門と評価内容に差があるため，一番具体的な部門をベンチマークにし，再整理をすることにした．

　また，これまで外部の資格試験はあまり受けていなかったが，技能検定の職種 "ダイカスト" を受けるよう推奨した．また，品質管理検定（QC 検定）も品質管理の知識をつけ，認識を高めるため推奨資格とし，これらを力量表の資格として追加することにした．

　外国人労働者には，日本語がある程度わかる人に作業手順書を母国語に翻訳することを依頼し，整備することにした．手順書をフロー，写真，数値化をしたものから，順次翻訳している．技能実習生は 3 年で母国に帰らなければならないが，技能検定を受け，合格すると 5 年に延長になる．技能実習生の資格も力量表に入れ，日本人と同等の評価と資格取得を推奨し，勉強会も開くことにした．

6.　優先課題の決定

SDGs に関連する事業活動として 4 件あげたが，優先度はすべて高いため，絞ることなくすべて実施することにした．ISO 9001 のリスク及び機会として，この 4 件を取り組むことが機会になり，取り組まないことはリスクになるとして追加し，SDGs との整合性を図るようにした．

7.　社内への展開

当社の業務体系は年度経営計画であり，全社の売上目標，利益目標，年度重点施策があり，重点施策に沿って各部門で業務計画を設定している．重点施策の中に品質に関連することは毎年設定されており，品質目標は業務計画の中で設定されている．中長期の目標はなく，単年度で目標を設定している．業務計画の中で品質目標とその他目標を分けて設定していた．

SDGs に関する取組みはリスク及び機会とし，品質目標として展開することにした．品質目標の幅が広がったため，業務計画の中で品質目標と品質目標以外を分けることに意味がなくなり，業務計画＝品質目標とすることにした．

製品軽量化率，原材料当たりの電気使用量，車両燃費，社内力量指数と単年度だけでなく，中期的な目標を設定できることが増えたため，可能なものは 3 年間の中期目標を立て，年度の達成度を測定することにした．中期目標は，3 年間固定ではなく，先 3 年間で設定し，毎年見直すことにした．

表 4.8　SDGs の取組みと目標設定

取組み事項	目　標	解　説
1.　製品の軽量化（製品の軽量化，鉄部品代替）	従来製品と比較した部品の軽量化率	従来製品との軽量化目標を製品別に設定し，開発する．開発部門主管
2.　不適合品削減活動	製品不適合率	「製品不適合率○％」など製品別の目標を設定する．製造部門，品質管理部門主管

表 4.8　（続き）

取組み事項	目標	解説
3．製造，輸送における省エネルギー活動	（製造）原材料使用量当りの電気使用量，（輸送）燃費	原単位の目標を電気と車両の燃費で設定する．製造部門，資材部門主管
4．社員教育制度の整備（技術教育，教育機会均等）	社員1人当たりの教育時間，社外資格取得者数，社内の力量指数	教育時間数，推奨する資格の取得者数，社内の力量は力量の段階を点数評価し，力量指数とする．総務部門主管

8．品質方針の見直し

品質方針の見直しを検討し，社長の「ISO 14001 ではなく SDGs に取り組んでいるいることを明確にすること」との指示もあり，品質方針に SDGs の取組みを示すことにした．また，取組みの幅が広がったため，品質方針から「サステナビリティ・品質方針」と名称を変えた．

さらに，「国連持続可能な開発目標（SDGs）に貢献することで，社会により求められる存在になることを目指します」との一文を入れた．また，現在の品質方針にある顧客満足の向上と品質の継続的改善は残し，気候変動の緩和，社員の能力向上を新たに追加した．

B 金属株式会社　サステナビリティ・品質方針

当社はアルミダイキャスト製品を製造販売しており，輸送機器の重要部品の提供を通じ，社会にかかわっていることを認識しています．

当社は国連持続可能な開発目標（SDGs）に貢献することで，社会により求められる存在になることを目指します．

当社は業務の継続的改善を行い，順守義務を維持しつつ，重点的に取り組む事項を次に定めます．

① 品質の継続的改善による顧客満足の向上

② 製品の軽量化，自社の省エネによる気候変動の緩和

```
③　上記を達成できる社員の力量向上

                              ○○年○月○日
                              代表取締役　○○○○
```

9.　外部公表

外部公表には，ウェブサイトに SDGs のコーナーを設け，SDGs に取り組む目的，サステナビリティ・品質方針，SDGs のゴールと自社の取組みがわかる表を掲載した（表4.9）．パンフレットに挟み込む資料を作成し，顧客にも営業担当が説明しており，品質改善で SDGs に貢献するとの考えが好評である．顧客からのアンケートにも ISO 14001 ではなく，SDGs に取り組んでいるとの説明をしている．SDGs ではダメで，ISO 14001 をとの声もなく，むしろ SDGs にどのように取り組んでいるか教えてほしいのとの声がある．

表4.9　SDGs への取組み

SDGs ゴール	当社の取組み
7 エネルギーをみんなにそしてクリーンに / 13 気候変動に具体的な対策を	従来製品より軽量化した製品を提供し，車両の軽量化に寄与し，気候変動の緩和に貢献する． ①　鉄の部品からアルミニウム部品 ②　従来製品の軽量化
12 つくる責任つかう責任	不良品削減活動を行い，エネルギー資源の使用削減に努め，天然資源の持続可能な利用に貢献する．
7 エネルギーをみんなにそしてクリーンに / 13 気候変動に具体的な対策を	製造，輸送における省エネルギー活動を行い，気候変動の緩和に貢献する． ①　製造工程のエネルギー使用減少 ②　輸送における省エネ活動
4 質の高い教育をみんなに	社員教育制度の整備 ①　技術教育 ②　外国人労働者の力量向上

第5章　SDGsへの企業の取組み

　本章では，企業がSDGsに取り組む背景と事例について紹介をする．企業がSDGsに取り組む理由の一つとして，ESG投資が投資の主流となりつつあることがあげられる．ESG投資においては，企業を評価する尺度として，SDGsに取り組んでいるかどうかが重視されている．

5.1　ESG投資の概要

5.1.1　ESG投資とは
　ESG投資とは，従来のキャッシュフロー・利益率といった財務情報だけでなく，環境（Environment）・社会（Social）・ガバナンス（Governance）の3点を考慮して投資先を選ぶ投資手法である．この3点に優れた投資先に優先的に投資し，取組みが不足している投資先からは資金を引き上げる．
　ESG投資は，2006年に国連のアナン事務総長（当時）が機関投資家に対し，ESGを投資プロセスに組み入れる「国連責任投資原則」（PRI：Principles for Responsible Investment）を提唱したことがきっかけで広がった．PRI署名機関は，世界で3 249機関，日本で83機関ある（2020年7月時点）．

5.1.2　ESG投資のメリット
　ESG投資は，従来から行われてきた財務価値への投資から，非財務価値への投資の転換である．非財務価値へ投資することのメリットには，次の点がある．
　①　不祥事が発生しにくく，株価暴落の心配が少ない．
　環境面・社会面に配慮し，企業統治が機能した企業では，環境・社会的スキャンダルは起こりにくく，株価も安定する．リーマンショックは，財務価値

に偏向した投資は，リスクが大きいことを示した．

②　環境・社会的課題にはビジネスチャンスがある．

環境・社会的課題には，それを解決してほしいという強い需要がある．よって，ビジネスとして環境・社会的課題に解決に取り組む企業は，成長株といえる．

③　規模の大きな投資家は社会のリスクを少なくする動きをする．

ESG 投資の普及により企業の環境配慮が広がり，温暖化などのリスクが下がれば，投資家のメリットも大きい．特に，規模の大きな投資家はさまざまな分野に投資をしており，社会のリスクが低下することで，投資全体のリスクが低下する．

④　ガバナンスが含まれる．

環境・社会と異なり，ガバナンスは株主の意向の反映など，株主の利益とつながりが強い．これは投資家にとって魅力的である．

投資には短期的に回収を図る投資（短期投資）と長期的な視点で回収を図る投資（長期投資）がある．短期投資は主に財務情報をもとに判断を行い，長期投資は非財務情報も判断の材料とする．非財務情報を重視する ESG 投資は，長期投資に向いた投資手法といえる．

5.1.3　ESG 投資の広がり

（1）データで見る ESG 投資

ESG 投資を推進する世界 7 団体の協働組織である GSIA（Global Sustainable Investment Alliance）は 2017 年末，ESG 投資の投資残高は約 31 兆ドル（約 3 400 兆円）であり，2015 年末より 34％増加したと発表した[6]．これは，2 年に 1 回発行される「2018 Global Sustainable Investment Review」で公表されたものである．運用資産に占める ESG 投資残高の比率は，地域，国によって異なるが約 3 割と見られている．

2019 年 12 月に経済産業省は，投資家の ESG 投資などに対するスタンスや

---

[6]　参考資料　http://www.gsi-alliance.org/trends-report-2018/

取組みを把握し，グリーンファイナンスに関する政策に役立つ基礎情報を収集するため，インターネットを利用して国内外の主な運用機関など，計 63 社（回答 48 社）に「ESG 投資に関する運用機関向けアンケート」[*7] を実施した．海外企業は日本に拠点がある企業を対象としている．回答のあった運用機関などの総運用残高は 3 988 兆円にのぼる．

この中で「ESG 情報の投資判断への活用」との質問に対し，97.9% の運用機関が，ESG 情報を投資判断に活用していると回答している（図 5.1）．つまり，投資において ESG 情報を活用することは，常識であることを示している．活用目的としては，「リスク低減」が 97.9% であり，ESG 情報を活用するすべての運用機関が回答している．次いで，「リターンの獲得」「社会的責任・意義」となっている（図 5.2）．

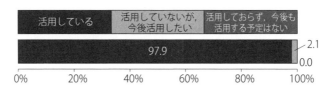

図 5.1 ESG 情報の投資における活用
［出典：ESG 投資に関する運用機関向けアンケート調査，
令和元年 12 月，経済産業省（www.meti.go.jp）］

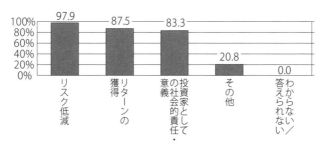

図 5.2 ESG 情報の投資判断への活用目的・理由
［出典：ESG 投資に関する運用機関向けアンケート調査，
令和元年 12 月，経済産業省（www.meti.go.jp）］

[*7] 参考資料　https://www.meti.go.jp/press/2019/12/20191224001/20191224001-1.pdf

　次いで，中期（3〜5 年），長期（5〜30 年）における「ESG について投資判断で考慮すべき要素」を調査しており（図 5.3），中期・長期の両方において，E（環境）では，気候変動に関する事項が約 80 ％と最も多くなっている．中期と長期ではあまり差はないが，気候変動は中期で 79.2 ％，長期で 83.3 ％となっている．

　運用機関などの考えるリスクとしては，気候変動が最も重大であり，長期になるほどそのリスクへの懸念が高まることを示している．

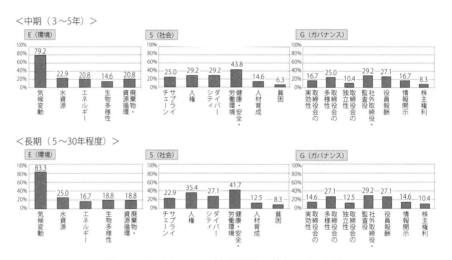

図 5.3　ESG について投資判断で考慮すべき要素
［出典：ESG 投資に関する運用機関向けアンケート調査，
令和元年 12 月，経済産業省（www.meti.go.jp）］

　「ESG を考慮する上で重視しているイニシアティブ等」*8 では，約 90 ％以上の運用機関が PRI（国連責任投資原則），TCFD（Task Force on Climate-related Financial Disclosures：気候関連財務情報開示タスクフォース），SDGs を重視している．SDGs への取組みが重要な ESG 情報であることが示

---

　*8　イニシアティブとは "initiative（主導権）" からきており，企業などの行動指針や原則を意味している．行動指針などを定義する団体を指す場合もある．

されている（図 5.4）．主なイニシアティブの内容については，次の 5.1.4 節で説明する．

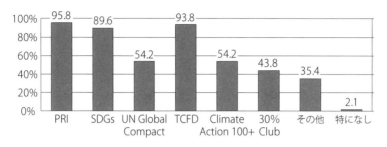

図 5.4 ESG を考慮するうえで重視しているイニシアティブ等
［出典：ESG 投資に関する運用機関向けアンケート調査，
令和元年 12 月，経済産業省（www.meti.go.jp）］

（2）GPIF の動き

世界最大の年金基金である日本の年金積立管理運用独立行政法人（Government Pension Investment Fund：GPIF）が 2017 年 7 月国内株式を対象とした ESG 指数を採用し，1 兆円規模で投資を開始した．2018 年 9 月には約 2.7 兆円に増額している．

GPIF における ESG 投資と SDGs のつながりを図 5.5 に示す．PRI に署名した GPIF は，ESG 投資を行っている．同図の説明として GPIF は，「SDGs に賛同する企業が 17 の項目のうち自社にふさわしいものを事業活動として取り込むことで，企業と社会の "共通価値の創造"（CSV：Creating Shared Value）が生まれます．その取組みによって企業価値が持続的に向上すれば，GPIF にとっては長期的な投資リターンの拡大につながります．GPIF による ESG 投資と，投資先企業の SDGs への取組みは，表裏の関係にあるといえるでしょう．」としている [9]．

---

[9] 参考資料 https://www.gpif.go.jp/investment/esg/#b

図 5.5　ESG 投資と SDGs
〔出典：年金積立管理運用独立行政法人（GPIF）（www.gpif.go.jp）〕

5.1.4　国際的なイニシアティブとその分類

　国際的なイニシアティブを分類し，イメージで示したのが図 5.6 である．一般的にイニシアティブと呼ばれるもののうち，企業など組織に適用されるもの，機関投資家に適用されるものを分け，企業全体の行動の全体の枠組みとなるものを別に示した．

　こうしたイニシアティブに参加することで，ESG 投資を行う投資家に一定の枠組み，ルールに沿った取組みであることを証明することができる．また，イニシアティブに参加することで，企業としてのリスクと機会を客観的に把握し，経営に生かすことができる．

　これらの中で，代表的な国際的なイニシアティブとして，TCFD，RE100，SBTi の概要を説明する．

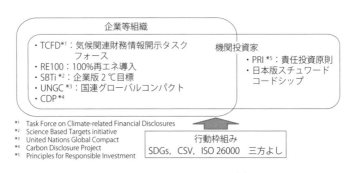

図 5.6　イニシアティブの分類

（1） TCFD

TCFD（気候変動関連財務情報開示タスクフォース）は，金融システムの安定化を図る国際的組織，金融安定理事会（Financial Stability Board：FSB）によって設立されたタスクフォース（特別作業班）である．2017 年に，「気候変動がもたらすリスクと機会に関する情報を開示するための推奨事項」を定めた最終提言を公開した．

TCFD は，①2℃目標等の気候シナリオを用いて，②自社の気候関連リスク・機会を評価し，③経営戦略・リスク管理へ反映，④その財務上の影響を把握，⑤開示することを求めている（図 5.7）．気候変動というリスク，機会に経営として適切に対応しているかを示すわけであり，ESG 投資においても重要な情報になる[*10]．

図 5.7 TCFD の情報開示

［出典：TCFD を活用した経営戦略立案のススメ〜気候関連リスク・機会を織り込むシナリオ分析実践ガイド ver 2.0〜，2020 年，環境省（www.env.go.jp）］

TCFD には，世界で 1 119 の機関（金融機関，企業，政府等），日本では世界最多の 252 機関が賛同表明をしている（2020 年 3 月 31 日時点）．

[*10] 参考資料 https://tcfd-consortium.jp/pdf/about/TCFDguide_ver2_0_J.pdf

（2）**RE100**

RE100（Renewable Energy 100%）とは，企業が自らの使用電力を 100%再生可能エネルギーで賄うことを目指す国際的なイニシアティブである．RE100 へ加盟することにより，脱炭素化に向けて取り組んでいる企業だということをアピールできる．RE100 に加盟する際には，事業運営を 100%再生可能エネルギーで行うことを宣言するが，多くの組織は，100%達成の年を同時に示している．

事業運営を 100%再生可能エネルギーで行う方法は次の二つである．

① 自社施設内，他施設で再生可能エネルギー電力を自ら発電する．

② 市場で発電事業者又は仲介供給者から再生可能エネルギー電力を購入する．

RE100 の加盟企業数は世界で 229 社，日本企業は 32 社である（2020 年 3 月 31 日時点）．各社は毎年実績を RE100 に報告する．RE100 は，2019 年版の年次報告書を発行した（2019 年 12 月）が，これによるとすでに「再生可能エネルギー100%」を達成している企業が 30 社以上ある[11]．

（3）**SBTi**

パリ協定の 2℃目標に整合し，科学的根拠に基づく中長期の温室効果ガス削減目標（Science Based Targets：SBT）を設定する企業を認定する国際イニシアティブが SBTi（Science Based Targets initiative）である．企業の自発的目標とは異なり，SBTi の認定を受けるには，気候科学に基づく現実性のある目標設定が必要である．

認定を受けた企業は世界で 348 社，SBT を 2 年以内に策定するとコミットした企業は 493 社と，国内外の企業が気候変動対策に意欲的に取り組む意思を表明している（2020 年 3 月 31 日時点）．日本ではすでに 62 社が認定を受けている[12]．

---

[11]　参考資料　https://www.there100.org/

[12]　参考資料　https://sciencebasedtargets.org/

5.1.5 持続可能な開発への取組み要請

ESG 投資により，SDGs，国際的なイニシアティブなど持続可能な開発へ取り組むことの要請が強くなっている．この要請はバリューチェーンを通じて，要請の連鎖となっている．

図 5.8 は組織が投資家・顧客からさまざまな要請を受けていることを示している．顧客は投資家・顧客からバリューチェーンでの取組みを確認されるため，取引先である組織に持続可能な開発に取り組むことへの要請をしてくる．さらに組織はサプライヤーに要請をかけることになる．また，グループ企業の場合は，グループ経営の一貫として取り組むことを要請される場合がある．

ISO の認証取得が広がった要因の一つは，バリューチェーンを通じて認証取得要請の連鎖があったためであるが，同様のことが持続可能な開発への取組みについてもいえる．ISO の認証取得要請は主に顧客からのものであったが，持続可能な開発への取組みは，投資家からの要請もある．投資家は金融市場から組織の価値を評価するわけであり，組織として根本的な対応が必要になる．

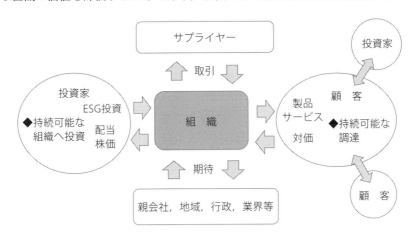

図 5.8 持続可能な開発への要請

こうした要請を行う例として，アップル社がある．アップル社は，RE100 に加盟，2018 年 4 月に事業活動に必要なエネルギーの 100％再生可能エネル

ギーを達成した．アップル社は，同時にサプライヤーへ自社納入製品に対して再生可能エネルギーへの転換を求めている．日本国内においては，イビデン株式会社（岐阜県大垣市），太陽インキ製造株式会社（埼玉県嵐山町），日本電産株式会社（京都府京都市）が，アップル社に納品する製品は 100 ％再生エネルギーで製造していることを宣言している．

5.2　SDGs に取り組む企業の事例紹介

　ここでは SDGs に取り組む企業や組織の事例を紹介する．いずれも内閣府が行う「ジャパン SDGs アワード」で表彰されており，日本の SDGs の先頭を走る企業や組織である．なお，掲載する企業や組織の情報は執筆時のものである．

5.2.1　事例 1　住友化学株式会社

（1）概　要

項　目	内　容
会社名	住友化学株式会社
業　務	製造業（石油化学，エネルギー・機能材料，情報電子化学　等）
顧　客	国内外の工業系企業
規　模	従業員数　単体：6 214 人，連結：3 万 3 586 人，東証 1 部上場
認　証	ISO 14001，ISO 9001，OSHMS 等

　住友化学株式会社は，1913 年創業の老舗化学企業である．銅製錬の際に発生する亜硫酸ガスから肥料を製造する事業に始まり，現在では石油化学，エネルギー・機能材料，情報電子化学，健康・農業関連事業，医薬品にその事業範囲を広げており，売上収益は国内化学メーカー第 2 位である．

　同社は「第 1 回 ジャパン SDGs アワード」において，SDGs 副本部長（外務大臣）賞を受賞している．

（2）住友化学株式会社の SDGs への取組みの特徴

同社は，産業の基礎となる「素材」を主要な商品とするメーカーである．このため，同社が環境配慮型の素材や，環境保護に寄与する製品に使われる素材を提供することで，事業を通じてバリューチェーン全体の環境配慮を促進することができる．

同社では，同社グループの製品・技術のうち，温暖化対策，環境負荷低減などに貢献する製品や技術を「Sumika Sustainable Solutions（SSS）」として認定し，その開発や普及を促進する取組みが特徴的である．

企業の成長と SDGs を統合・両立したわかりやすい例であり，国内外問わず，幅広い，企業の参考となる事例といえる．

（3）環境配慮型商品の売上拡大

SSS 認定製品・技術の内容はさまざまで，「航空機の軽量化に寄与するプラスチック素材」「偏光フィルムの製造工程でのエネルギー消費を大幅に削減する技術」「気候変動により増加が想定されるマラリアへの対策技術」など，同社が「環境への貢献」の方法を幅広く捉えていることがわかる．表 5.1 にその他の SSS の例を示す．

表 5.1　SSS 認定製品・技術の例

技術・製品	特　徴
リチウムイオン二次電池用セパレータ	リチウムイオン二次電池の高容量化を可能にする素材．電気自動車をはじめ，次世代型交通手段の推進に寄与
飼料添加物メチオニン	鶏飼料にメチオニンを添加することで，排泄物中の窒素量を減らして温室効果ガスを削減
偏光フィルムの製造における UV 接着プロセス	ディスプレイ材料である偏光フィルムの製造工程で，従来法に比べ，大幅な省エネルギーを達成
炭酸ガス分離回収技術	グループ会社の火力発電所の排出ガスから CO_2 を分離回収し，化学品製造の副原料として利用

表 5.1 （続き）

技術・製品	特　　徴
バイオラショナル製品	微生物農薬，植物生長調整剤，根圏微生物資材など．持続可能で安全・安心な農作物の供給に貢献
詰め替え包装向けポリエチレン	洗剤などの詰め替え用パックに使用される，注ぎ口を手で簡単に切れるポリエチレン．ゴミの量を削減

　SSS の特徴は，明確な売上目標が設けられている点にある．住友化学グループでは，SSS 認定製品・技術の売上収益を 2021 年度までに 5 600 億円にすることとしている．これは，2015 年度の実績 2 756 億円と比べ，概ね 2 倍の数値である．2019 年実績では，同社グループの売上収益の約 22％が SSS 関連の収益となっている．

　「収益を上げることが社会貢献」とする SSS の仕組みは，同社の経営理念にも合致したものであり SDGs の本業化の好例といえる．

　なお，同社では石油化学，エネルギー・機能材料，情報電子化学，健康・農業関連事業，医薬品と多岐にわたる製品・技術を開発しており，SSS 認定製品は 2015 年の 21 製品・技術から年々増加し，2020 年 8 月には 54 製品・技術となった．認定に際しては社内審査とともに第三者機関による検証を受け，認定が妥当であるとの評価を得ている．

【SDGs との関連】ゴール 7（エネルギー），ゴール 12（持続可能な生産と消費），ゴール 13（気候変動）など

（4）取組み例

（a）マラリア予防用 長期残効型防虫蚊帳「オリセット®ネット」

　SSS 認定製品の一つに，同社が SDGs に貢献している代表的な製品であるマラリア予防用防虫蚊帳「オリセット®ネット」がある（図 5.9）．外見は日本でも古くから使われていた「蚊帳」であるが，素材のポリエチレンに防虫剤が練り込まれているのが特徴である．防虫剤は徐々に表面に染み出る仕組みと

なっており，洗濯を行っても防虫成分が流れ落ちないため，約 3 年にわたって防虫効果が継続する．

これまでにユニセフなどの国際機関を通じて 80 以上の国々に供給され，安価で信頼性の高い防除方法としてマラリアの脅威から人々を守り続けている．気候変動に伴いマラリア発生地域の拡大が懸念されており，今後はますます必要とされる技術である．

本製品に使われている「薬剤を徐々に染み出させる」技術は，マラリア対策を念頭に開発されたものではなく，工場の虫よけ網戸のための技術であった．開発途上国のマラリア予防という新たな方向に目を向けたことで，社会貢献を行いつつ，市場を獲得することができた．

図 5.9 オリセットシリーズの基本モデル「オリセット®ネット」

【SDGs との関連】ゴール 3（健康な生活），ゴール 13（気候変動）

(b) サステナブルツリー

サステナブルツリーは，3 万人以上にのぼる住友化学グループの役員・職員一人ひとりが SDGs を理解し，その実現に貢献することを目指して，同社が2016 年に開始したグローバルプロジェクトである．同社グループの役職員であれば，国・地域を問わず，自社専用ウェブサイトにアクセスが可能であり，SDGs に対する職場での取組みや個々人の行動を投稿することができる．初年

度である 2016 年 6 月〜10 月の 100 日間の投稿期間中には，自分自身が
SDGs にどう貢献できるかなどについて 6 000 件以上の投稿が寄せられた．

　あらゆる社員を包摂するために，SDGs を解説する漫画は 11 か国語で掲載
され，社員の投稿も翻訳機能によって多様な言語で読むことができる仕組みと
なっている．

　国際企業では，物理的な距離や言語の壁のために，全社的な理念の共有が難
しい．あらゆる役職員が SDGs を理解し，その貢献は意義があるものと知る
ことでモチベーションを向上させるこの取組みは，「誰一人取り残さない」と
いう SDGs の理念にかなうものといえる．

【SDGs との関連】ゴール 4（教育），ゴール 17（パートナーシップ）

■参考資料
　住友化学株式会社ウェブサイト　https://www.sumitomo-chem.co.jp/

5.2.2　事例 2　株式会社伊藤園
（1）概　　要

項　　目	内　　　　　容
会社名	株式会社伊藤園
業　　務	食品製造業（緑茶を中心とした飲料）
顧　　客	全国の小売店及び一般消費者
規　　模	従業員数 5 403 人，東証 1 部上場
認　　証	ISO 14001，ISO 9001

　株式会社伊藤園は，飲料や茶葉の製造・販売を中心とする食品製造大手であ
る．日本初の缶入り緑茶飲料を 1985 年に発売しており，「お〜いお茶」「健康
ミネラルむぎ茶」「1 日分の野菜」などのブランドを有する．また，傘下にタ
リーズコーヒーなどの飲食店も有する．

　同社は「第 1 回 ジャパン SDGs アワード」において，SDGs パートナーシップ賞（特別賞）を受賞している.

（2）株式会社伊藤園の SDGs への取組みの特徴

　「茶畑から茶殻まで」の一貫体制，すなわち「調達」「製造・物流」「商品企画・開発」「営業・販売」のすべてを一貫して同社が行う体制をもつことが，同社の強みであり，特徴である．これによって，同社はバリューチェーン全体で価値創造を行い，SDGs に取り組むことができる．

図 5.10　伊藤園のバリューチェーンと SDGs ゴールの関係

（3）取組み事例

（a）茶産地育成事業

　同社による緑茶飲料の発売以来，清涼飲料水としての緑茶の需要は大きく拡大したが，一方で高齢化や後継者問題，茶相場が不安定であることによる経営不安などから，茶農家と茶園面積は一貫して減少を続けている．農水省の作物統計調査によれば，ピークであった 1980 年には 6 万 1 000 ヘクタールあった茶園面積は，2018 年には 4 万 1 500 ヘクタールと，実に 3 分の 2 までに減少している．

　茶園の減少は，同社が茶葉を安定して確保するうえでも大きな問題といえる．そこで同社が長年取り組んでいるのが「茶産地育成事業」である．茶産地育成事業は，同社が茶農家に技術・ノウハウを提供するとともに，茶葉を全量買取

する仕組みである．茶農家の経営を安定化させ持続可能な農業を実現するとともに，同社は茶葉を安定的に確保することができる．同社における最も特徴的なSDGsの取組みといえる．

茶産地育成事業は，契約栽培と新産地事業の2本の柱からなる．

契約栽培は同社が1970年代より行ってきたもので，契約農家に栽培指導やさまざまな情報提供を行い，同社はその茶園で生産された茶葉を全量買取する．これによって，農家は茶価の変動に左右されず，安定した茶園経営が可能となり，同社は茶葉を安定的に確保することができる．

新産地事業は2001年より開始された事業で，耕作放棄地などを利用した大規模な茶園造成事業である．茶園の造成や茶葉の生産は地元の市町村や事業者が主体となって行い，同社は技術・ノウハウの提供を行う．新産地では大規模化・機械化した効率的な経営を行い，また，全量一定価格での取引によって茶農家（地元農業法人）は，安定した収入を確保することができる．

SDGsを経営に取り入れることは，単に環境保護や社会貢献を行うことにとどまらない．企業の利となる行為を行うことで，結果として社会や環境に貢献することもSDGsへの取組みである．茶産地育成事業は，このことを示した典型的な事例である．

【SDGsとの関連】ターゲット2.4（持続可能な農業），ゴール8（雇用），ゴール12（持続可能な生産・消費）

（b）茶殻リサイクルシステム

茶を抽出した後の茶殻は，古くから抗菌効果や消臭効果があることが知られており，工業製品に活用する研究も行われてきた．しかし，茶殻は水分を多く含むため腐敗しやすく，輸送・保管するためには前処理として十分に乾燥させることが必要である．このための設備投資や燃料消費が多大となるため，茶殻を工業材料とすることはコスト面でも環境面でも課題があった．

同社では，独自の研究により水分を含んだ茶殻の腐敗を抑え，輸送・常温保

存できる技術を確立．さらに，水分を含んだままで工業製品の原料とすることで，コストや燃料使用を抑えながら，茶殻の消臭効果を生かした工業製品を製造することに成功した．

　現在は次のように，さまざまな茶殻配合素材が開発され，茶葉のもつ香り，抗菌性，消臭効果を生かした製品に活用されている．

表5.2　伊藤園が製造・販売にかかわる茶殻配合素材の例

素　材	使用例
茶配合ボード	畳材，床下材，屋根下地材 等
茶配合樹脂	ベンチ，枕，抗菌フィルム，靴底（インソール）等
茶入り紙製品	自社の名刺，ダンボール，あぶらとり紙 等
茶殻配合建材	石膏ボード，タイル材 等

【SDGs との関連】ゴール7（エネルギー），ゴール9（インフラ），ゴール12（持続可能な生産・消費）

（c）健康配慮商品

　消費者の健康に配慮した製品の開発も，SDGs に資するものといえる．同社では茶カテキンの働きにより，コレステロールの吸収を抑制し，血清コレステロールを低下させる緑茶飲料初の特定保健用食品をはじめ，砂糖や食塩，食品添加物を極力使用しない飲料などを提供している．

【SDGs との関連】ゴール3（健康な生活）

（d）社内検定「ティーテイスター」

　ティーテイスター制度は，同社が1994年から運営している社内資格制度であり，お茶に関する高い知識をもつ社員を認定するものである．希望者に対し

学科・検茶・口述試験を行い，茶文化からおいしいお茶の淹れ方まで幅広い知識を有する社員のみが合格できる．1 級・2 級・3 級があり，3 級は緑茶，2 級は紅茶や中国茶，1 級は茶道への精通が求められる．

　有資格者は「お茶セミナー」や「伊藤園大茶会」等を通じ，お茶の魅力を発信する活動を行う．お茶に精通した人材の育成は，自社の事業への理解を深め，働きがいを引き出すものといえる．

【SDGs との関連】ゴール 4（教育），ゴール 8（雇用）

(e)　お〜いお茶新俳句大賞

　1989 年から続いている俳句コンテストで，入賞句が「お〜いお茶」のパッケージに掲載されることでお馴染みである．国語教育において特に活用されており，学校などの教育現場からの応募が 9 割を占める．パッケージを活用した CSV の一つであり，同社は「お〜いお茶」に付加価値を付与し，応募者には作品発表の場を提供するとともに，教育や文化の継承に寄与している．

【SDGs との関連】ゴール 4（教育）

(f)「お茶で日本を美しく」プロジェクト

　「お〜いお茶」の売上げの一部を環境保全などの取組みへ寄付するキャンペーンである．毎年約 1 か月のキャンペーン期間中に販売された「お〜いお茶」全飲料製品の売上げの一部を，全国 47 都道府県の環境活動に寄付するとともに，社員も環境保全活動に参加する．

【SDGs との関連】ゴール 14（海洋），ゴール 15（生態系・森林）

■参考資料
　株式会社伊藤園ウェブサイト　https://www.itoen.co.jp/

5.2.3　事例 3　株式会社ヤクルト本社

（1）概　要

項　目	内　容
会社名	株式会社ヤクルト本社
業　務	製造業（乳酸菌飲料，化粧品，医薬品）
顧　客	国内及び海外の小売店並びに一般消費者 等
規　模	従業員数 2 882 人，東証 1 部上場
認　証	ISO 14001*，ISO 9001*，HACCP* 等

＊　それぞれの認証は，工場などで取得したものである．

　株式会社ヤクルト本社は，乳酸菌飲料を中心とする食品製造人子である．1935 年発売の「ヤクルト」のほか，「ジョア」「ミルミル」など，知名度の高いブランドをもつ．1963 年より行っている「ヤクルトレディ」による訪問販売が特徴である．また，化粧品事業，医薬品事業にも進出している．

　同社は「第 2 回 ジャパン SDGs アワード」において，SDGs パートナーシップ賞（特別賞）を受賞している．

（2）株式会社ヤクルト本社の SDGs への取組みの特徴

　同社で長らく運営されている「ヤクルトレディ」のシステムを海外でも展開することで，途上国の女性の社会進出に寄与している点が特徴的である．国内ではなじみのあるシステムも，海外では SDGs に寄与し，社会的インパクトを与えうるという好例である．

（3）予防医学による健康への貢献

　「ヤクルト」は 1935 年に発売され，以来約 90 年にわたって販売され続けている，同社の主力製品である．戦前の日本は，衛生状態が悪い地域も多く，感染症が大きな死因の一つとなっていた．同社の創始者である代田稔氏は，病気にかかってから治療するのではなく，病気にかからないことが大切だとする「予防医学」に注目する．経口摂取後生きて腸内に届く乳酸菌「ラクトバチル

ス カゼイ シロタ株」の強化培養に成功したのが 1930 年．これを広く国民が安価に摂取する方法として 1935 年に発売されたのが「ヤクルト」である．

「ヤクルト」は，1964 年の台湾進出以来，海外での販売拡大を続け，2020 年現在，世界 40 の国・地域で販売されている．現在では国内の衛生環境は改善したが，途上国の中には未だ衛生環境が悪く，感染症が蔓延している地域も少なくない．安価でおいしい飲み物で健康を保つという「ヤクルト」誕生当初の目的は，途上国ではまさに今求められているものである．

【SDGs との関連】ゴール 3（健康な生活）

(4) 販売員「ヤクルトレディ」による女性へのエンパワーメント

同社のビジネスの特徴といえるのが，1963 年から実施している女性訪問販売員「ヤクルトレディ」による宅配システムである．

働く女性が今よりも少なかった当時，同社があえて女性販売員を起用して訪問販売を始めたのは「家庭の中での健康を実現するためには，家族の健康を管理する主婦にアドバイスするのが効果的」という発想による．自身も家庭をもつ女性であれば，主婦と同じ目線で話ができるという考えである．

同社では，「ヤクルトレディ」というシステムを海外展開時にも積極的に活用している．衛生環境が未整備な途上国において，健康に関する情報を提供できるヤクルトレディの存在価値は大きい．

また，途上国には女性の働く場が少ない地域も多く，特に母子家庭は安定した収入を得るのが難しい傾向にある．女性が自立して働くことができるヤクルトレディは，途上国における女性の社会進出を助け，その収入を増加し，生活の安定に寄与することができる．生活の安定はその子供の教育水準の向上にもつながり，貧困の連鎖に歯止めをかけることにもなる．

2020 年現在，ヤクルトレディはアジア・中南米を中心に 14 の国と地域（日本含む）で活動しており，その人数は約 8 万人にのぼる．そのうち，約 4 万 7 000 人が海外で働く人々である．

【SDGs との関連】ゴール 4（教育），ゴール 5（ジェンダー），ゴール 8（雇用）

図 5.11　インドネシアのヤクルトレディ
（写真提供：株式会社ヤクルト本社）

■参考資料

株式会社ヤクルト本社ウェブサイト　https://www.yakult.co.jp/

農林水産省ウェブサイト

　https://www.maff.go.jp/j/shokusan/sdgs/yakult.html

5.2.4　事例 4　株式会社大川印刷

（1）概　要

項　　目	内　　　　　容
会社名	株式会社大川印刷
業　務	印刷業（カレンダー，パンフレット，紙パッケージ 等）
顧　客	製薬会社（添付文書 等），食品製造業（パッケージ），銀行，大学，その他各種企業（カレンダー・パンフレット 等）
規　模	従業員数 37 人
認　証	ISO 14001，ISO 9001，FSC® の CoC 認証，横浜型地域貢献企業認定（平成 29 年プレミアム表彰），全日本印刷工業組合連合会 CSR 認定スリースター認定，横浜市 SDGs 認証 "Y‑SDGs" 認定 等

　株式会社大川印刷は，横浜市に本社・工場を置く企業である．地元横浜の企業との取引が多く，弁当の掛け紙，内服薬の解説，企業のノベルティカレンダー，パンフレットなど，各種紙への印刷を生業とする．創業1881（明治14）年と歴史のある企業であり，特に2000年代以降は環境経営に力を入れてきた．SDGsを経営に取り入れたのは2017年からである．

　同社は「第2回 ジャパンSDGs アワード」において，SDGsパートナーシップ賞（特別賞）を受賞している．

（2）大川印刷のSDGsへの取組みの特徴

　SDGsに取り組む企業は増加しているが，その多くは大企業であり，中小企業がSDGsに取り組む例はまだ少ない．同社は従業員50人に満たない企業規模でありながら，SDGsと企業経営の高度な統合を実現しており，中小企業におけるSDGs導入の先進的な例といえる．

　全社員一斉にSDGsに関する教育とワークショップを実施し，ボトムアップ型でSDGs経営戦略を策定，全社員が「自分ごと」としてSDGsに取り組むという形態は，従業員の少ない企業ならではの形といえる．

（3）全社員への社内ワークショップ

　同社では，パート社員（パートタイム労働者）を含む全社員を対象に「SDGs経営計画策定ワークショップ」を実施．各自の問題意識を全体共有したうえで，自社の事業とSDGsの17ゴールとの関連づけを行った．

　この結果，同社の本業と密接に関係しているとしたゴールは五つとなった．ゴール6（水資源），ゴール7（エネルギー），ゴール8（雇用），ゴール12（持続可能な生産と消費），ゴール15（陸上環境）である．この過程で，同社の取り組むべき課題も浮かび上がってきた．例えば「自社のエネルギー消費の9割を占める電気を，よりクリーンに調達することはできないか」といった内容である．このように，同社の「SDGs経営計画」は，社員からのボトムアップで作成されている．

　次に，洗い出された課題に対し，課題を解決するプロジェクトチームを複数立ち上げ，1年間活動を行う．プロジェクトチームは志願制であり，部署・役職を問わず参加できる．これらのプロジェクトチームは「業務外活動」ではなく，勤務時間内に活動する「本業」としているのも特徴である．同社の SDGs と経営が統合されていることを示す一例といえよう．

　毎年度末に，パート社員含む全社員でプロジェクトの内容についてワークショップ形式で話合いを行う．前年1年間のプロジェクトで「うまくいっていること」「うまくいっていないこと」「今後取り組みたいこと」「その障がいになっていること」の4項目と SDGs の指標を紐づけ，やりたい・やるべき取組みを洗い出し，次年度の新たなプロジェクトが発足する仕組みとなっている．

　同社の仕組みは，SDG コンパスの示す五つのステップを丁寧になぞっており，SDGs を中小企業に導入する際の先例として優れたものといえる．

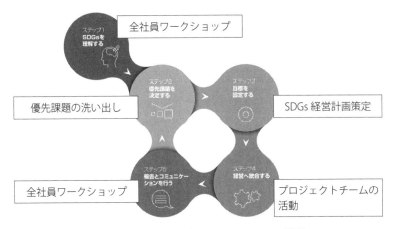

図 5.12　大川印刷のシステムと SDG コンパスの関係

（4）取組み例

　同社の SDGs への取組みは，本業と密接に関係したものが多いのが特徴である．「SDGs の本業化」というと難度が高いようにも思われがちだが，実際

に行うのは本業の改善であり，どこの企業でも行えることであることが，同社の事例からは読み取れる．

　中小企業では，大企業のように独自に CSR 専門の部門を設けたり，本業と無関係な SDGs 活動を行ったりすることは難しい．一見高度にも思われる「SDGs の本業化」のほうが，中小企業に SDGs を導入する際には近道といえる．

　①　CO_2 ゼロ印刷

　同社の印刷事業で使用する電気・水道・ガス・車両燃料より発生する CO_2 を算定し，その全量をあらかじめ J－クレジットによる排出量取引でオフセットすることで，印刷によって発生する CO_2 を実質ゼロとした「CO_2 ゼロ印刷」を 2016 年より行っている．

　2019 年から本社工場の約 20％の電力を太陽光発電により確保しており，残り約 80％は青森県横浜町の風力発電の電力を購入することで再生可能エネルギー 100％化を果たしている．また，横浜市の「温暖化対策実行計画 Zero Carbon Yokohama」にも参画し，J－クレジットと横浜ブルーカーボンの利用によるカーボンオフセットに取り組むことで，あらかじめ年間の自社の印刷事業における CO_2 排出量（スコープ 1，スコープ 2）全量をゼロ化している．

　今後は，自社での CO_2 排出量だけではなく，原材料の調達や使用，破棄の際に排出される CO_2（スコープ 3）も含めたうえで，2030 年までにゼロカーボンの達成を目指している．

　②　ノン VOC インキ

　光化学スモッグなどの原因となる VOC（揮発性有機化合物）を含まないノン VOC インキを採用し，その使用率を年々上昇させており，2019 年度のノン VOC インキの使用率は 96％である．まずはシアン・マゼンタ・イエローの三原色と黒インキの非 VOC 化を達成，残る特色インキも 2020 年度を目標にノン VOC 化を進めている．

　③　FSC®森林認証紙

　生態系に配慮し，適切に管理された，持続可能な森林から生産された木材であることを示す「FSC 森林認証」を取得した紙を採用し，その使用率を徐々

に増加させている．2019年度時点で，購入した紙の53.4％がFSC®森林認証紙となっている．

【SDGsとの関連】ゴール7（エネルギー），ゴール12（持続可能な生産・消費），ゴール15（生態系・森林）

---

(5) 本業と結びついたSDGsへの取組みの成果

本業と密接に結びついたSDGsの取組みは，同社の成長に貢献している．SDGsの視点を取り入れた新商品として，留め金を樹脂から紙に変えた世界初の卓上カレンダーや，在留外国人向りに英語・中国語・フィリピン語に対応した「わたしのおくすり手帳」などを商品化した．

紙・インキ・エネルギーの各面で環境に配慮した同社の印刷は持続可能な調達に関心の高い企業・団体から高い評価を得ており，上場企業や外資系企業，官庁，大使館など，2018年だけで約50件の新規の顧客を開拓しているという．

印刷業は製品の質による差別化が難しく，価格競争に陥りがちである．しかし同社は，SDGsの本業化によって「大川印刷に注文すること自体がSDGs貢献になる」という独自の地位を確立し，差別化に成功している．

■参考資料

株式会社大川印刷ウェブサイト　https://www.ohkawa-inc.co.jp/

5.2.5　事例5　魚町商店街振興組合

(1) 概　要

項　目	内　容
組織名	魚町商店街振興組合
業　務	商店街の事業者組合
顧　客	地元の住民，観光客・インバウンド
規　模	会員数90人（商店街の店舗数290店舗）

　魚町商店街振興組合は，福岡県北九州市の商店街「魚町銀天街」の事業者組合である．魚町銀天街は JR 小倉駅前に伸びる北九州市の中心的な商店街である．日本で最初にアーケードを設置した商店街としても知られ，「銀天街」の名称もアーケードが空を覆うさまから名づけられた．

　アーケードの照明のソーラー発電化や，さまざまな講座の開催など，当初から環境・社会活動への関心の高い商店街であったが，2018 年に「SDGs 商店街を目指す」と宣言し，2020 年の「第 3 回 ジャパン SDGs アワード」において，SDGs 推進本部長（内閣総理大臣）賞を受賞している．

図 5.13　魚町銀天街のアーケード
［出典：魚町商店街振興組合，外務省 twitter（@SDGs_MOFA_JAPAN）
2019 年 1 月 7 日］

（2）魚町銀天街の SDGs への取組みの特徴

　個人事業主の集合体である「商店街」という主体が SDGs に取り組んでいる例は少ない．また「SDGs 商店街」をはじめとする各種取組みによって，1日当たりの通行者数は，2010 年の 1 万 1006 人から 2019 年には 1 万 5588人，9 年で実に 1.5 倍近くにまで増加しており，商店街の活性化事例でもある．

（3）教育を軸とした交流の活性化

　同商店街が特に注力しているのが，ゴール 4（教育）である．

　同商店街では，それぞれの商店主がその専門知識・技術を伝授するミニ講座「うおゼミ」を開催している．毎年 6 月と 11 月に実施され，1 シーズン当たり約 50 の講座が開催される．

　講座の内容は多岐にわたるが，「廃油による石鹸作り」「空き缶ストーブでの炊飯」「廃材のリユース」など，ゴール 4（教育）以外に環境などの SDGs と関連するものも多い．SDGs の各ゴールが相互に関連していることを意識した設定といえる．

　ここでは，SDGs 自体を学ぶ場も提供している．「SDGs バル」は，SDGsのセミナーやワークショップに「バル」の名のとおり，飲食を組み合わせたイベントである．防災が題材であれば保存食の試食など，テーマに合わせた食品を食べながら楽しく学べるのが特徴である．また「SDGs 経営セミナー」を開催し，経営者に SDGs を本業につなげる方法も伝授している．

【SDGs との関連】ゴール 4（教育）

---

(4) 個々の店舗の取組み

　同商店街では，個々の商店も SDGs に積極的に取り組んでいる．地元の食材を扱うレストランや農協を介さず，農家から野菜を仕入れて販売する朝市では，一般の流通に乗らない規格外野菜を販売している．

　地産地消，農業支援，食品ロスの削減につながる取組みである．賞味期限が近い食材を安く提供する店舗や，フェアトレード食品の輸入販売を行う店など，SDGs の取組みが本業と深く結びついた店舗も多い．

【SDGs との関連】ターゲット 2.4（持続可能な農業），ターゲット 12.3（食品ロスの減少）など

（5）若手起業家やワーキングマザーのための環境整備，リノベーションまちづくり

同商店街は新幹線停車駅の駅前という好立地にあるが，そのために家賃設定が高額であり，新規参入が阻害され，店舗やビルの空室が目立っていた．2010年代に入ってから官民一体での取組みによって，古いビルをリノベーションした新規事業者向けの施設が続々とオープンしている．

施設名	内　容
ポポラート三番街	女性を中心とした手作り作家のための工房兼店舗スペース．雑貨・アクセサリー・服飾・アート等，約20店舗が入居
メルカート三番街	クリエイターや商店主の志望者に，低賃金で部屋を賃貸し，企業・法人化支援，空き店舗への移転支援を行う．
MIKAGE 1881	クリエイティブ事業者のための小規模オフィス・コワーキングスペース

商店街内の遊休不動産を再生するとともに，若いクリエイターやワーキングマザーが集まる拠点ができたことで，若い世代の商店街への来訪が増加した．その効果は先述した通行者数の増加に顕著である．

【SDGsとの関連】ターゲット11.3（持続可能な都市化の促進）

■参考資料

魚町商店街振興組合ウェブサイト　https://uomachi.or.jp/

『はばたく中小企業・小規模事業者300社』，経済産業省中小企業庁編
　　https://www.chusho.meti.go.jp/

ポポラート三番街ウェブサイト　http://popolato3.com/

メルカート三番街ウェブサイト　http://www.mercato3.com/

MIKAGE 1881ウェブサイト　http://www.mikage1881.jp/

第 6 章　SDGs 関連資料

ここでは，国の取組みと経済会の対応，SDGs を取り組むために発行したガイド，「SDGs とターゲット新訳」制作委員会による SDGs とターゲットの新しい日本語訳を紹介する．

6.1　「持続可能な開発目標（SDGs）推進本部」：内閣

持続可能な開発目標（SDGs）に係る施策の実施について，関係行政機関相互の緊密な連携を図り，総合的かつ効果的に推進するため，全国務大臣を構成員とする持続可能な開発目標（SDGs）推進本部を内閣に設置している［平成 28（2016）年 5 月 20 日閣議決定］．SDGs 推進本部では次の計画の策定，SDGs 達成に資する優れた取組みを行っている企業・団体などの表彰をしている [*13].

「SDGs 実施指針」の策定／「SDGs アクションプラン」策定／「ジャパン SDGs アワード」の実施

6.2　「環境基本計画」：環境省

環境基本計画は，環境基本法第 15 条に基づき，環境の保全に関する総合的かつ長期的な施策の大綱などを定めるものである．計画は約 6 年ごとに見直しされる．平成 30（2018）年 4 月 17 日に，第五次環境基本計画が閣議決定された．

[*13]　参考資料　https://www.kantei.go.jp/jp/singi/sdgs/

第五次環境基本計画は，SDGs の考え方も活用し，環境・経済・社会の統合的向上を具体化・環境政策によって，経済社会システム，ライフスタイル，技術などあらゆる観点からのイノベーション創出や，経済・社会的課題の同時解決に取り組む・将来にわたって質の高い生活をもたらす「新たな成長」につなげていくとされた[*14].

6.3　「企業行動憲章」：一般社団法人日本経済団体連合会

経団連の企業行動憲章は 2017 年に 5 回目の改訂を行っている．この改訂にあたり，経団連は「Society 5.0 の実現を通じた SDGs 達成を柱として企業行動憲章を改定」「会員企業は，持続可能な社会の実現が企業の発展の基盤であることを認識し，広く社会に有用で新たな付加価値および雇用の創造，ESG（環境・社会・ガバナンス）に配慮した経営の推進によって，社会的責任への取り組みを進める．

また，自社のみならず，グループ企業，サプライチェーンに対しても行動変革を促すとともに，多様な組織との協働を通じて，Society 5.0 の実現，SDGs の達成に向けて行動する．」としている[*15].

6.4　「持続可能な開発目標（SDGs）活用ガイド」（第 2 版）：環境省

環境省は，持続可能な開発目標（SDGs）に係る取組みの進展に寄与することなどを目的とし，企業が SDGs 達成に向けて取り組む際の手引となるよう「持続可能な開発目標（SDGs）の活用ガイド」を作成している．

本ガイドは，SDGs についてこれまで特段の取組みを行っていない，あるいは SDGs に関心をもち，何か取組みを始めてみようと考えているような企業

*14　参考資料　https://www.env.go.jp/policy/kihon_keikaku/plan/plan_5.html
*15　参考資料　https://www.keidanren.or.jp/policy/cgcb/charter2017.html

で，とりわけ職員数や活動の範囲が中小規模の企業・事業者に活用できることを目的としている．

本ガイドは，企業を取り巻く社会の変化や SDGs を巡る国内外の動きなどを紹介するとともに，企業の持続可能性にかかわる動き，SDGs に取り組むための具体的な方法をケーススタディの事例や取組手順を具体的に示している[16]．

6.5　「SDGs 経営ガイド」：経済産業省

経済産業省では，企業がいかに「SDGs 経営」に取り組むべきか，投資家はどのような視座でそのような取組みを評価するのかなどを整理した「SDGs 経営ガイド」を発行している．

本ガイドでは，「Part 1. SDGs ─価値の源泉」において SDGs に関する現状認識を多様な観点から示したうえで，「Part 2. SDGs 経営の実践」において，企業が「SDGs 経営」を実践する際に有用な視点を整理している[17]．

6.6　持続可能な開発目標（SDGs）とターゲット（新訳）

"「SDGs とターゲット新訳」制作委員会" 訳[18]

目標 1.　あらゆる場所で，あらゆる形態の貧困を終わらせる
目標 2.　飢餓を終わらせ，食料の安定確保と栄養状態の改善を実現し，持続可能な農業を促進する
目標 3.　あらゆる年齢のすべての人々の健康的な生活を確実にし，福祉を推進する
目標 4.　すべての人々に，だれもが受けられる公平で質の高い教育を提供し，生涯学習の機会を促進する

---

[16]　参考資料　http://www.env.go.jp/press/107846.html

[17]　参考資料　https://www.meti.go.jp/press/2019/05/20190531003/20190531003.html

[18]　参考資料　http://xsdg.jp/shinyaku.html

目標 5.　ジェンダー平等を達成し，すべての女性・少女のエンパワーメント
　　　　を行う

目標 6.　すべての人々が水と衛生施設を利用できるようにし，持続可能な
　　　　水・衛生管理を確実にする

目標 7.　すべての人々が，手頃な価格で信頼性の高い持続可能で現代的なエ
　　　　ネルギーを利用できるようにする

目標 8.　すべての人々にとって，持続的でだれも排除しない持続可能な経済
　　　　成長，完全かつ生産的な雇用，働きがいのある人間らしい仕事（ディ
　　　　ーセント・ワーク）を促進する

目標 9.　レジリエントなインフラを構築し，だれもが参画できる持続可能な
　　　　産業化を促進し，イノベーションを推進する

目標 10.　国内および各国間の不平等を減らす

目標 11.　都市や人間の居住地をだれも排除せず安全かつレジリエントで持
　　　　続可能にする

目標 12.　持続可能な消費・生産形態を確実にする

目標 13.　気候変動とその影響に立ち向かうため，緊急対策を実施する*
　　　*　国連気候変動枠組条約（UNFCCC）が，気候変動への世界的な対応について交渉を
　　　　行う最優先の国際的政府間対話の場であると認識している.

目標 14.　持続可能な開発のために，海洋や海洋資源を保全し持続可能な形
　　　　で利用する

目標 15.　陸の生態系を保護・回復するとともに持続可能な利用を推進し，
　　　　持続可能な森林管理を行い，砂漠化を食い止め，土地劣化を阻止・
　　　　回復し，生物多様性の損失を止める

目標 16.　持続可能な開発のための平和でだれをも受け入れる社会を促進し，
　　　　すべての人々が司法を利用できるようにし，あらゆるレベルにお
　　　　いて効果的で説明責任がありだれも排除しないしくみを構築する

目標 17.　実施手段を強化し，「持続可能な開発のためのグローバル・パート
　　　　ナーシップ」を活性化する

目標 1.　あらゆる場所で，あらゆる形態の貧困を終わらせる

1.1　2030 年までに，現在のところ 1 日 1.25 ドル未満で生活する人々と定められている，極度の貧困[※1]をあらゆる場所で終わらせる.

1.2　2030 年までに，各国で定められたあらゆる面で貧困状態にある全年齢の男女・子どもの割合を少なくとも半減させる.

1.3　すべての人々に対し，最低限の生活水準の達成を含む適切な社会保護制度や対策を各国で実施し，2030 年までに貧困層や弱い立場にある人々に対し十分な保護を達成する.

1.4　2030 年までに，すべての男女，特に貧困層や弱い立場にある人々が，経済的資源に対する平等の権利がもてるようにするとともに，基礎的サービス，土地やその他の財産に対する所有権と管理権限，相続財産，天然資源，適正な新技術[※2]，マイクロファイナンスを含む金融サービスが利用できるようにする.

1.5　2030 年までに，貧困層や状況の変化の影響を受けやすい人々のレジリエンス[※3]を高め，極端な気候現象やその他の経済，社会，環境的な打撃や災難に見舞われたり被害を受けたりする危険度を小さくする.

1.a　あらゆる面での貧困を終わらせるための計画や政策の実施を目指して，開発途上国，特に後発開発途上国に対して適切で予測可能な手段を提供するため，開発協力の強化などを通じ，さまざまな供給源から相当量の資源を確実に動員する.

1.b　貧困をなくす取り組みへの投資拡大を支援するため，貧困層やジェンダーを十分勘案した開発戦略にもとづく適正な政策枠組を，国，地域，国際レベルでつくりだす.

※1　極度の貧困の定義は，2015 年 10 月に 1 日 1.90 ドル未満に修正されている.

※2　適正技術：技術が適用される国・地域の経済的・社会的・文化的な環境や条件，ニーズに合致した技術のこと.

※3　レジリエンス：回復力，立ち直る力，復元力，耐性，しなやかな強さなどを意味する.「レジリエント」は形容詞.

目標2．飢餓を終わらせ，食料の安定確保と栄養状態の改善を実現し，持続可能な農業を促進する

2.1 2030年までに，飢餓をなくし，すべての人々，特に貧困層や乳幼児を含む状況の変化の影響を受けやすい人々が，安全で栄養のある十分な食料を一年を通して得られるようにする．

2.2 2030年までに，あらゆる形態の栄養不良を解消し，成長期の女子，妊婦・授乳婦，高齢者の栄養ニーズに対処する．2025年までに5歳未満の子どもの発育阻害や消耗性疾患について国際的に合意した目標を達成する．

2.3 2030年までに，土地，その他の生産資源や投入財，知識，金融サービス，市場，高付加価値化や農業以外の就業の機会に確実・平等にアクセスできるようにすることなどにより，小規模食料生産者，特に女性や先住民，家族経営の農家・牧畜家・漁家の生産性と所得を倍増させる．

2.4 2030年までに，持続可能な食料生産システムを確立し，レジリエントな農業を実践する．そのような農業は，生産性の向上や生産量の増大，生態系の維持につながり，気候変動や異常気象，干ばつ，洪水やその他の災害への適応能力を向上させ，着実に土地と土壌の質を改善する．

2.5 2020年までに，国，地域，国際レベルで適正に管理・多様化された種子・植物バンクなどを通じて，種子，栽培植物，家畜やその近縁野生種の遺伝的多様性を維持し，国際的合意にもとづき，遺伝資源やそれに関連する伝統的な知識の利用と，利用から生じる利益の公正・公平な配分を促進する．

2.a 開発途上国，特に後発開発途上国の農業生産能力を高めるため，国際協力の強化などを通じて，農村インフラ，農業研究・普及サービス，技術開発，植物・家畜の遺伝子バンクへの投資を拡大する．

2.b ドーハ開発ラウンド[※4]の決議に従い，あらゆる形態の農産物輸出補助金と，同等の効果がある輸出措置を並行して撤廃することなどを通じて，世界の農産物市場における貿易制限やひずみを是正・防止する．

2.c 食料価格の極端な変動に歯止めをかけるため，食品市場やデリバティブ[※5]

市場が適正に機能するように対策を取り，食料備蓄などの市場情報がタイムリーに入手できるようにする．

> ※4　ドーハ開発ラウンド：2001年11月のドーハ閣僚会議で開始が決定された，世界貿易機関（WTO）発足後初となるラウンドのこと．閣僚会議の開催場所（カタールの首都ドーハ）にちなんで「ドーハ・ラウンド」と呼ばれるが，正式には「ドーハ開発アジェンダ」と言う．

> ※5　デリバティブ：株式，債券，為替などの元になる金融商品（原資産）から派生して誕生した金融商品のこと．

目標3．あらゆる年齢のすべての人々の健康的な生活を確実にし，福祉を推進する

3.1　2030年までに，世界の妊産婦の死亡率を出生10万人あたり70人未満にまで下げる．

3.2　2030年までに，すべての国々が，新生児の死亡率を出生1 000人あたり12人以下に，5歳未満児の死亡率を出生1 000人あたり25人以下に下げることを目指し，新生児と5歳未満児の防ぐことができる死亡をなくす．

3.3　2030年までに，エイズ，結核，マラリア，顧みられない熱帯病[※6]といった感染症を根絶し，肝炎，水系感染症，その他の感染症に立ち向かう．

3.4　2030年までに，非感染性疾患による若年層の死亡率を予防や治療により3分の1減らし，心の健康と福祉を推進する．

3.5　麻薬・薬物乱用や有害なアルコール摂取の防止や治療を強化する．

3.6　2020年までに，世界の道路交通事故による死傷者の数を半分に減らす．

3.7　2030年までに，家族計画や情報・教育を含む性と生殖に関する保健サービスをすべての人々が確実に利用できるようにし，性と生殖に関する健康（リプロダクティブ・ヘルス）を国家戦略・計画に確実に組み入れる．

3.8　すべての人々が，経済的リスクに対する保護，質が高く不可欠な保健サービスや，安全・効果的で質が高く安価な必須医薬品やワクチンを利用できるようになることを含む，ユニバーサル・ヘルス・カバレッジ（UHC）[※7]を達成する．

3.9　2030 年までに，有害化学物質や大気・水質・土壌の汚染による死亡や疾病の数を大幅に減らす.

3.a　すべての国々で適切に，たばこの規制に関する世界保健機関枠組条約の実施を強化する.

3.b　おもに開発途上国に影響を及ぼす感染性や非感染性疾患のワクチンや医薬品の研究開発を支援する. また，「TRIPS 協定（知的所有権の貿易関連の側面に関する協定）と公衆の健康に関するドーハ宣言」に従い，安価な必須医薬品やワクチンが利用できるようにする. 同宣言は，公衆衛生を保護し，特にすべての人々が医薬品を利用できるようにするために「TRIPS 協定」の柔軟性に関する規定を最大限に行使する開発途上国の権利を認めるものである.

3.c　開発途上国，特に後発開発途上国や小島嶼開発途上国で，保健財政や，保健人材の採用，能力開発，訓練，定着を大幅に拡大する.

3.d　すべての国々，特に開発途上国で，国内および世界で発生する健康リスクの早期警告やリスク軽減・管理のための能力を強化する.

　※6　顧みられない熱帯病：おもに熱帯地域で蔓延する寄生虫や細菌感染症のこと.
　※7　ユニバーサル・ヘルス・カバレッジ（UHC）：すべての人々が，基礎的な保健サービスを必要なときに負担可能な費用で受けられること.

目標 4．すべての人々に，だれもが受けられる公平で質の高い教育を提供し，生涯学習の機会を促進する

4.1　2030 年までに，すべての少女と少年が，適切で効果的な学習成果をもたらす，無償かつ公正で質の高い初等教育・中等教育を修了できるようにする.

4.2　2030 年までに，すべての少女と少年が，初等教育を受ける準備が整うよう，乳幼児向けの質の高い発達支援やケア，就学前教育を受けられるようにする.

4.3　2030 年までに，すべての女性と男性が，手頃な価格で質の高い技術教育

や職業教育，そして大学を含む高等教育を平等に受けられるようにする．

4.4 2030年までに，就職や働きがいのある人間らしい仕事，起業に必要な，技術的・職業的スキルなどの技能をもつ若者と成人の数を大幅に増やす．

4.5 2030年までに，教育におけるジェンダー格差をなくし，障害者，先住民，状況の変化の影響を受けやすい子どもなど，社会的弱者があらゆるレベルの教育や職業訓練を平等に受けられるようにする．

4.6 2030年までに，すべての若者と大多数の成人が，男女ともに，読み書き能力と基本的な計算能力を身につけられるようにする．

4.7 2030年までに，すべての学習者が，とりわけ持続可能な開発のための教育と，持続可能なライフスタイル，人権，ジェンダー平等，平和と非暴力文化の推進，グローバル・シチズンシップ（＝地球市民の精神），文化多様性の尊重，持続可能な開発に文化が貢献することの価値認識，などの教育を通して，持続可能な開発を促進するために必要な知識とスキルを確実に習得できるようにする．

4.a 子どもや障害のある人々，ジェンダーに配慮の行き届いた教育施設を建設・改良し，すべての人々にとって安全で，暴力がなく，だれもが利用できる，効果的な学習環境を提供する．

4.b 2020年までに，先進国やその他の開発途上国で，職業訓練，情報通信技術（ICT），技術・工学・科学プログラムなどを含む高等教育を受けるための，開発途上国，特に後発開発途上国や小島嶼開発途上国，アフリカ諸国を対象とした奨学金の件数を全世界で大幅に増やす．

4.c 2030年までに，開発途上国，特に後発開発途上国や小島嶼開発途上国における教員養成のための国際協力などを通じて，資格をもつ教員の数を大幅に増やす．

目標5．ジェンダー平等を達成し，すべての女性・少女のエンパワーメントを行う

5.1 あらゆる場所で，すべての女性・少女に対するあらゆる形態の差別をな

くす.

5.2 人身売買や性的・その他の搾取を含め，公的・私的な場で，すべての女性・少女に対するあらゆる形態の暴力をなくす.

5.3 児童婚，早期結婚，強制結婚，女性性器切除など，あらゆる有害な慣行をなくす.

5.4 公共サービス，インフラ，社会保障政策の提供や，各国の状況に応じた世帯・家族内での責任分担を通じて，無報酬の育児・介護や家事労働を認識し評価する.

5.5 政治，経済，公共の場でのあらゆるレベルの意思決定において，完全で効果的な女性の参画と平等なリーダーシップの機会を確保する.

5.6 国際人口開発会議（ICPD）の行動計画と，北京行動綱領およびその検証会議の成果文書への合意にもとづき，性と生殖に関する健康と権利をだれもが手に入れられるようにする.

5.a 女性が経済的資源に対する平等の権利を得るとともに，土地・その他の財産，金融サービス，相続財産，天然資源を所有・管理できるよう，各国法にもとづき改革を行う.

5.b 女性のエンパワーメント[※8]を促進するため，実現技術，特に情報通信技術（ICT）の活用を強化する.

5.c ジェンダー平等の促進と，すべての女性・少女のあらゆるレベルにおけるエンパワーメントのため，適正な政策や拘束力のある法律を導入し強化する.

※8 エンパワーメント：一人ひとりが，自らの意思で決定をし，状況を変革していく力を身につけること.

目標6．すべての人々が水と衛生施設を利用できるようにし，持続可能な水・衛生管理を確実にする

6.1 2030 年までに，すべての人々が等しく，安全で入手可能な価格の飲料水を利用できるようにする.

6.2 2030 年までに，女性や少女，状況の変化の影響を受けやすい人々のニーズに特に注意を向けながら，すべての人々が適切・公平に下水施設・衛生施設を利用できるようにし，屋外での排泄をなくす．

6.3 2030 年までに，汚染を減らし，投棄をなくし，有害な化学物質や危険物の放出を最小化し，未処理の排水の割合を半減させ，再生利用と安全な再利用を世界中で大幅に増やすことによって，水質を改善する．

6.4 2030 年までに，水不足に対処し，水不足の影響を受ける人々の数を大幅に減らすために，あらゆるセクターで水の利用効率を大幅に改善し，淡水の持続可能な採取・供給を確実にする．

6.5 2030 年までに，必要に応じて国境を越えた協力などを通じ，あらゆるレベルでの統合水資源管理を実施する．

6.6 2020 年までに，山地，森林，湿地，河川，帯水層，湖沼を含めて，水系生態系の保護・回復を行う．

6.a 2030 年までに，集水，海水の淡水化，効率的な水利用，排水処理，再生利用や再利用の技術を含め，水・衛生分野の活動や計画において，開発途上国に対する国際協力と能力構築の支援を拡大する．

6.b 水・衛生管理の向上に地域コミュニティが関わることを支援し強化する．

目標 7．すべての人々が，手頃な価格で信頼性の高い持続可能で現代的なエネルギーを利用できるようにする

7.1 2030 年までに，手頃な価格で信頼性の高い現代的なエネルギーサービスをすべての人々が利用できるようにする．

7.2 2030 年までに，世界のエネルギーミックス^(※9)における再生可能エネルギーの割合を大幅に増やす．

7.3 2030 年までに，世界全体のエネルギー効率の改善率を倍増させる．

7.a 2030 年までに，再生可能エネルギー，エネルギー効率，先進的でより環境負荷の低い化石燃料技術など，クリーンなエネルギーの研究や技術の利用を進めるための国際協力を強化し，エネルギー関連インフラとクリー

ンエネルギー技術への投資を促進する.

7.b　2030 年までに，各支援プログラムに沿って，開発途上国，特に後発開発
　　　途上国や小島嶼開発途上国，内陸開発途上国において，すべての人々に
　　　現代的で持続可能なエネルギーサービスを提供するためのインフラを拡
　　　大し，技術を向上させる.

　※9　エネルギーミックス：エネルギー（おもに電力）を生み出す際の，発生源と
　　　　なる石油，石炭，原子力，天然ガス，水力，地熱，太陽熱など一次エネル
　　　　ギーの組み合わせ，配分，構成比のこと.

**目標8．すべての人々にとって，持続的でだれも排除しない持続可能な経済成
　　　　長，完全かつ生産的な雇用，働きがいのある人間らしい仕事（ディー
　　　　セント・ワーク）を促進する**

8.1　各国の状況に応じて，一人あたりの経済成長率を持続させ，特に後発開
　　　発途上国では少なくとも年率7％の GDP 成長率を保つ.

8.2　高付加価値セクターや労働集約型セクターに重点を置くことなどにより，
　　　多様化や技術向上，イノベーションを通じて，より高いレベルの経済生
　　　産性を達成する.

8.3　生産的な活動，働きがいのある人間らしい職の創出，起業家精神，創造
　　　性やイノベーションを支援する開発重視型の政策を推進し，金融サービ
　　　スの利用などを通じて中小零細企業の設立や成長を促す.

8.4　2030 年までに，消費と生産における世界の資源効率を着実に改善し，先
　　　進国主導のもと，「持続可能な消費と生産に関する 10 カ年計画枠組み」
　　　に従って，経済成長が環境悪化につながらないようにする.

8.5　2030 年までに，若者や障害者を含むすべての女性と男性にとって，完全
　　　かつ生産的な雇用と働きがいのある人間らしい仕事（ディーセント・ワー
　　　ク）を実現し，同一労働同一賃金を達成する.

8.6　2020 年までに，就労，就学，職業訓練のいずれも行っていない若者の割
　　　合を大幅に減らす.

8.7 強制労働を完全になくし，現代的奴隷制と人身売買を終わらせ，子ども兵士の募集・使用を含めた，最悪な形態の児童労働を確実に禁止・撤廃するための効果的な措置をただちに実施し，2025年までにあらゆる形態の児童労働をなくす．

8.8 移住労働者，特に女性の移住労働者や不安定な雇用状態にある人々を含め，すべての労働者を対象に，労働基本権を保護し安全・安心な労働環境を促進する．

8.9 2030年までに，雇用創出や各地の文化振興・産品販促につながる，持続可能な観光業を推進する政策を立案・実施する．

8.10 すべての人々が銀行取引，保険，金融サービスを利用できるようにするため，国内の金融機関の能力を強化する．

8.a 「後発開発途上国への貿易関連技術支援のための拡大統合フレームワーク（EIF）」などを通じて，開発途上国，特に後発開発途上国に対する「貿易のための援助（AfT）」を拡大する．

8.b 2020年までに，若者の雇用のために世界規模の戦略を展開・運用可能にし，国際労働機関（ILO）の「仕事に関する世界協定」を実施する．

目標9．レジリエントなインフラを構築し，だれもが参画できる持続可能な産業化を促進し，イノベーションを推進する

9.1 経済発展と人間の幸福をサポートするため，すべての人々が容易かつ公平に利用できることに重点を置きながら，地域内および国境を越えたインフラを含む，質が高く信頼性があり持続可能でレジリエントなインフラを開発する．

9.2 だれもが参画できる持続可能な産業化を促進し，2030年までに，各国の状況に応じて雇用やGDPに占める産業セクターの割合を大幅に増やす．後発開発途上国ではその割合を倍にする．

9.3 より多くの小規模製造業やその他の企業が，特に開発途上国で，利用しやすい融資などの金融サービスを受けることができ，バリューチェーン

(※ 10) や市場に組み込まれるようにする.

9.4　2030 年までに, インフラを改良し持続可能な産業につくり変える. その
　　　ために, すべての国々が自国の能力に応じた取り組みを行いながら, 資
　　　源利用効率の向上とクリーンで環境に配慮した技術・産業プロセスの導
　　　入を拡大する.

9.5　2030 年までに, 開発途上国をはじめとするすべての国々で科学研究を強
　　　化し, 産業セクターの技術能力を向上させる. そのために, イノベーショ
　　　ンを促進し, 100 万人あたりの研究開発従事者の数を大幅に増やし, 官
　　　民による研究開発費を増加する.

9.a　アフリカ諸国, 後発開発途上国, 内陸開発途上国, 小島嶼開発途上国へ
　　　の金融・テクノロジー・技術の支援強化を通じて, 開発途上国における
　　　持続可能でレジリエントなインフラ開発を促進する.

9.b　開発途上国の国内における技術開発, 研究, イノベーションを, 特に産
　　　業の多様化を促し商品の価値を高めるための政策環境を保障すること な
　　　どによって支援する.

9.c　情報通信技術 (ICT) へのアクセスを大幅に増やし, 2020 年までに, 後
　　　発開発途上国でだれもが当たり前のようにインターネットを使えるよう
　　　にする.

　　※ 10　バリューチェーン：企業活動における業務の流れを, 調達, 製造, 販売,
　　　　　　保守などと機能単位に分割してとらえ, 各機能単位が生み出す価値を分析
　　　　　　して最大化することを目指す考え方.

目標 10. 国内および各国間の不平等を減らす

10.1　2030 年までに, 各国の所得下位 40％の人々の所得の伸び率を, 国内平
　　　　均を上回る数値で着実に達成し維持する.

10.2　2030 年までに, 年齢, 性別, 障害, 人種, 民族, 出自, 宗教, 経済的
　　　　地位やその他の状況にかかわらず, すべての人々に社会的・経済的・政
　　　　治的に排除されず参画できる力を与え, その参画を推進する.

10.3 差別的な法律や政策，慣行を撤廃し，関連する適切な立法や政策，行動を推進することによって，機会均等を確実にし，結果の不平等を減らす．

10.4 財政，賃金，社会保障政策といった政策を重点的に導入し，さらなる平等を着実に達成する．

10.5 世界の金融市場と金融機関に対する規制とモニタリングを改善し，こうした規制の実施を強化する．

10.6 より効果的で信頼でき，説明責任のある正当な制度を実現するため，地球規模の経済および金融に関する国際機関での意思決定における開発途上国の参加や発言力を強める．

10.7 計画的でよく管理された移住政策の実施などにより，秩序のとれた，安全かつ正規の，責任ある移住や人の移動を促進する．

10.a 世界貿易機関（WTO）協定に従い，開発途上国，特に後発開発途上国に対して「特別かつ異なる待遇（S&D）」の原則を適用する．

10.b 各国の国家計画やプログラムに従って，ニーズが最も大きい国々，特に後発開発途上国，アフリカ諸国，小島嶼開発途上国，内陸開発途上国に対し，政府開発援助（ODA）や海外直接投資を含む資金の流入を促進する．

10.c 2030年までに，移民による送金のコストを3%未満に引き下げ，コストが5%を超える送金経路を完全になくす．

目標11．都市や人間の居住地をだれも排除せず安全かつレジリエントで持続可能にする

11.1 2030年までに，すべての人々が，適切で安全・安価な住宅と基本的サービスを確実に利用できるようにし，スラムを改善する．

11.2 2030年までに，弱い立場にある人々，女性，子ども，障害者，高齢者のニーズに特に配慮しながら，とりわけ公共交通機関の拡大によって交通の安全性を改善して，すべての人々が，安全で，手頃な価格の，使いやすく持続可能な輸送システムを利用できるようにする．

11.3 2030 年までに，すべての国々で，だれも排除しない持続可能な都市化を進め，参加型で差別のない持続可能な人間居住を計画・管理する能力を強化する．

11.4 世界の文化遺産・自然遺産を保護・保全する取り組みを強化する．

11.5 2030 年までに，貧困層や弱い立場にある人々の保護に焦点を当てながら，水関連災害を含め，災害による死者や被災者の数を大きく減らし，世界の GDP 比における直接的経済損失を大幅に縮小する．

11.6 2030 年までに，大気環境や，自治体などによる廃棄物の管理に特に注意することで，都市の一人あたりの環境上の悪影響を小さくする．

11.7 2030 年までに，すべての人々，特に女性，子ども，高齢者，障害者などが，安全でだれもが使いやすい緑地や公共スペースを利用できるようにする．

11.a 各国・各地域の開発計画を強化することにより，経済・社会・環境面における都市部，都市周辺部，農村部の間の良好なつながりをサポートする．

11.b 2020 年までに，すべての人々を含むことを目指し，資源効率，気候変動の緩和と適応，災害に対するレジリエンスを目的とした総合的政策・計画を導入・実施する都市や集落の数を大幅に増やし，「仙台防災枠組2015-2030」に沿って，あらゆるレベルで総合的な災害リスク管理を策定し実施する．

11.c 財政・技術支援などを通じ，現地の資材を用いた持続可能でレジリエントな建物の建築について，後発開発途上国を支援する．

目標 12. 持続可能な消費・生産形態を確実にする

12.1 先進国主導のもと，開発途上国の開発状況や能力を考慮しつつ，すべての国々が行動を起こし，「持続可能な消費と生産に関する 10 年計画枠組み（10YFP）」を実施する．

12.2 2030 年までに，天然資源の持続可能な管理と効率的な利用を実現する．

12.3 2030年までに，小売・消費者レベルにおける世界全体の一人あたり食品廃棄を半分にし，収穫後の損失を含めて生産・サプライチェーンにおける食品ロスを減らす．

12.4 2020年までに，合意された国際的な枠組みに従い，製品ライフサイクル全体を通して化学物質や廃棄物の環境に配慮した管理を実現し，人の健康や環境への悪影響を最小限に抑えるため，大気，水，土壌への化学物質や廃棄物の放出を大幅に減らす．

12.5 2030年までに，廃棄物の発生を，予防，削減（リデュース），再生利用（リサイクル）や再利用（リユース）により大幅に減らす．

12.6 企業，特に大企業や多国籍企業に対し，持続可能な取り組みを導入し，持続可能性に関する情報を定期報告に盛り込むよう促す．

12.7 国内の政策や優先事項に従って，持続可能な公共調達の取り組みを促進する．

12.8 2030年までに，人々があらゆる場所で，持続可能な開発や自然と調和したライフスタイルのために，適切な情報が得られ意識がもてるようにする．

12.a より持続可能な消費・生産形態に移行するため，開発途上国の科学的・技術的能力の強化を支援する．

12.b 雇用創出や地域の文化振興・産品販促につながる持続可能な観光業に対して，持続可能な開発がもたらす影響を測定する手法を開発・導入する．

12.c 税制を改正し，有害な補助金がある場合は環境への影響を考慮して段階的に廃止するなど，各国の状況に応じて市場のひずみをなくすことで，無駄な消費につながる化石燃料への非効率な補助金を合理化する．その際には，開発途上国の特別なニーズや状況を十分に考慮し，貧困層や影響を受けるコミュニティを保護する形で，開発における悪影響を最小限に留める．

目標 13. 気候変動とその影響に立ち向かうため，緊急対策を実施する*

13.1 すべての国々で，気候関連の災害や自然災害に対するレジリエンスと適応力を強化する．

13.2 気候変動対策を，国の政策や戦略，計画に統合する．

13.3 気候変動の緩和策と適応策，影響の軽減，早期警戒に関する教育，啓発，人的能力，組織の対応能力を改善する．

13.a 重要な緩和行動と，その実施における透明性確保に関する開発途上国のニーズに対応するため，2020 年までにあらゆる供給源から年間 1,000 億ドルを共同で調達するという目標への，国連気候変動枠組条約（UNFCCC）を締約した先進国によるコミットメントを実施し，可能な限り早く資本を投入して「緑の気候基金」の本格的な運用を開始する．

13.b 女性や若者，地域コミュニティや社会の主流から取り残されたコミュニティに焦点を当てることを含め，後発開発途上国や小島嶼開発途上国で，気候変動関連の効果的な計画策定・管理の能力を向上させるしくみを推進する．

　*　国連気候変動枠組条約（UNFCCC）が，気候変動への世界的な対応について交渉を行う最優先の国際的政府間対話の場であると認識している．

目標 14. 持続可能な開発のために，海洋や海洋資源を保全し持続可能な形で利用する

14.1 2025 年までに，海洋堆積物や富栄養化を含め，特に陸上活動からの汚染による，あらゆる種類の海洋汚染を防ぎ大幅に減らす．

14.2 2020 年までに，重大な悪影響を回避するため，レジリエンスを高めることなどによって海洋・沿岸の生態系を持続的な形で管理・保護する．また，健全で豊かな海洋を実現するため，生態系の回復に向けた取り組みを行う．

14.3 あらゆるレベルでの科学的協力を強化するなどして，海洋酸性化の影響を最小限に抑え，その影響に対処する．

14.4 2020 年までに，漁獲を効果的に規制し，過剰漁業や違法・無報告・無規制（IUU）漁業，破壊的な漁業活動を終わらせ，科学的根拠にもとづいた管理計画を実施する．これにより，水産資源を，実現可能な最短期間で，少なくとも各資源の生物学的特性によって定められる最大持続生産量[※11]のレベルまで回復させる．

14.5 2020 年までに，国内法や国際法に従い，最大限入手可能な科学情報にもとづいて，沿岸域・海域の少なくとも 10％を保全する．

14.6 2020 年までに，過剰漁獲能力や過剰漁獲につながる特定の漁業補助金を禁止し，違法・無報告・無規制（IUU）漁業につながる補助金を完全になくし，同様の新たな補助金を導入しない．その際，開発途上国や後発開発途上国に対する適切で効果的な「特別かつ異なる待遇（S&D)」が，世界貿易機関（WTO）漁業補助金交渉の不可欠な要素であるべきだと認識する．

14.7 2030 年までに，漁業や水産養殖，観光業の持続可能な管理などを通じて，海洋資源の持続的な利用による小島嶼開発途上国や後発開発途上国の経済的便益を増やす．

14.a 海洋の健全性を改善し，海の生物多様性が，開発途上国，特に小島嶼開発途上国や後発開発途上国の開発にもたらす貢献を高めるために，「海洋技術の移転に関するユネスコ政府間海洋学委員会の基準・ガイドライン」を考慮しつつ，科学的知識を高め，研究能力を向上させ，海洋技術を移転する．

14.b 小規模で伝統的漁法の漁業者が，海洋資源を利用し市場に参入できるようにする．

14.c 「我々の求める未来」[※12]の第 158 パラグラフで想起されるように，海洋や海洋資源の保全と持続可能な利用のための法的枠組みを規定する「海洋法に関する国際連合条約（UNCLOS)」に反映されている国際法を施行することにより，海洋や海洋資源の保全と持続可能な利用を強化する．

※ 11　最大持続生産量：生物資源を減らすことなく得られる最大限の収穫のこと．おもにクジラを含む水産資源を対象に発展してきた資源管理概念．最大維持可能漁獲量とも言う．

※ 12　「我々の求める未来」：2012 年 6 月にブラジルのリオデジャネイロで開催された「国連持続可能な開発会議」（リオ + 20）で採択された成果文書．「The Future We Want」．

目標 15. 陸の生態系を保護・回復するとともに持続可能な利用を推進し，持続可能な森林管理を行い，砂漠化を食い止め，土地劣化を阻止・回復し，生物多様性の損失を止める

15.1　2020 年までに，国際的合意にもとづく義務により，陸域・内陸淡水生態系とそのサービス(※ 13)，特に森林，湿地，山地，乾燥地の保全と回復，持続可能な利用を確実なものにする．

15.2　2020 年までに，あらゆる種類の森林の持続可能な経営の実施を促進し，森林減少を止め，劣化した森林を回復させ，世界全体で新規植林と再植林を大幅に増やす．

15.3　2030 年までに，砂漠化を食い止め，砂漠化や干ばつ，洪水の影響を受けた土地を含む劣化した土地と土壌を回復させ，土地劣化を引き起こさない世界の実現に尽力する．

15.4　2030 年までに，持続可能な開発に不可欠な恩恵をもたらす能力を高めるため，生物多様性を含む山岳生態系の保全を確実に行う．

15.5　自然生息地の劣化を抑え，生物多様性の損失を止め，2020 年までに絶滅危惧種を保護して絶滅を防ぐため，緊急かつ有効な対策を取る．

15.6　国際合意にもとづき，遺伝資源の利用から生じる利益の公正・公平な配分を促進し，遺伝資源を取得する適切な機会を得られるようにする．

15.7　保護の対象となっている動植物種の密猟や違法取引をなくすための緊急対策を実施し，違法な野生生物製品の需要と供給の両方に対処する．

15.8　2020 年までに，外来種の侵入を防ぐとともに，これらの外来種が陸や海の生態系に及ぼす影響を大幅に減らすための対策を導入し，優占種

(※ 14) を制御または一掃する.

15.9 2020 年までに，生態系と生物多様性の価値を，国や地域の計画策定，開発プロセス，貧困削減のための戦略や会計に組み込む.

15.a 生物多様性および生態系の保全と持続的な利用のために，あらゆる資金源から資金を調達し大幅に増やす.

15.b 持続可能な森林管理に資金を提供するために，あらゆる供給源からあらゆるレベルで相当量の資金を調達し，保全や再植林を含む森林管理を推進するのに十分なインセンティブを開発途上国に与える.

15.c 地域コミュニティが持続的な生計機会を追求する能力を高めることなどにより，保護種の密猟や違法な取引を食い止める取り組みへの世界規模の支援を強化する.

※ 13 生態系サービス：生物・生態系に由来し，人間にとって利益となる機能のこと.

※ 14 優占種：生物群集で，量が特に多くて影響力が大きく，その群集の特徴を決定づけ代表する種.

目標 16. 持続可能な開発のための平和でだれをも受け入れる社会を促進し，すべての人々が司法を利用できるようにし，あらゆるレベルにおいて効果的で説明責任がありだれも排除しないしくみを構築する

16.1 すべての場所で，あらゆる形態の暴力と暴力関連の死亡率を大幅に減らす.

16.2 子どもに対する虐待，搾取，人身売買，あらゆる形態の暴力，そして子どもの拷問をなくす.

16.3 国および国際的なレベルでの法の支配を促進し，すべての人々が平等に司法を利用できるようにする.

16.4 2030 年までに，違法な資金の流れや武器の流通を大幅に減らし，奪われた財産の回収や返還を強化し，あらゆる形態の組織犯罪を根絶する.

16.5 あらゆる形態の汚職や贈賄を大幅に減らす.

16.6　あらゆるレベルにおいて，効果的で説明責任があり透明性の高いしくみを構築する．

16.7　あらゆるレベルにおいて，対応が迅速で，だれも排除しない，参加型・代議制の意思決定を保障する．

16.8　グローバル・ガバナンスのしくみへの開発途上国の参加を拡大・強化する．

16.9　2030 年までに，出生登録を含む法的な身分証明をすべての人々に提供する．

16.10　国内法規や国際協定に従い，だれもが情報を利用できるようにし，基本的自由を保護する．

16.a　暴力を防ぎ，テロリズムや犯罪に立ち向かうために，特に開発途上国で，あらゆるレベルでの能力向上のため，国際協力などを通じて関連する国家機関を強化する．

16.b　持続可能な開発のための差別的でない法律や政策を推進し施行する．

目標 17.　実施手段を強化し，「持続可能な開発のためのグローバル・パートナーシップ」を活性化する

資金

17.1　税金・その他の歳入を徴収する国内の能力を向上させるため，開発途上国への国際支援などを通じて，国内の資金調達を強化する．

17.2　開発途上国に対する政府開発援助（ODA）を GNI [※15] 比 0.7％，後発開発途上国に対する ODA を GNI 比 0.15〜0.20％にするという目標を達成するとした多くの先進国による公約を含め，先進国は ODA に関する公約を完全に実施する．ODA 供与国は，少なくとも GNI 比 0.20％の ODA を後発開発途上国に供与するという目標の設定を検討するよう奨励される．

17.3　開発途上国のための追加的な資金を複数の財源から調達する．

17.4　必要に応じて，負債による資金調達，債務救済，債務再編などの促進を目的とした協調的な政策を通じ，開発途上国の長期的な債務の持続可能

性の実現を支援し，債務リスクを軽減するために重債務貧困国（HIPC）の対外債務に対処する．

17.5　後発開発途上国のための投資促進枠組みを導入・実施する．

※15　GNI：Gross National Income の頭文字を取ったもので，居住者が1年間に国内外から受け取った所得の合計のこと．国民総所得．

技術

17.6　科学技術イノベーション（STI）に関する南北協力や南南協力，地域的・国際的な三角協力，および科学技術イノベーションへのアクセスを強化する．国連レベルをはじめとする既存のメカニズム間の調整を改善することや，全世界的な技術促進メカニズムなどを通じて，相互に合意した条件で知識の共有を進める．

17.7　譲許的・特恵的条件を含め，相互に合意した有利な条件のもとで，開発途上国に対し，環境に配慮した技術の開発，移転，普及，拡散を促進する．

17.8　2017年までに，後発開発途上国のための技術バンクや科学技術イノベーション能力構築メカニズムの本格的な運用を開始し，実現技術，特に情報通信技術（ICT）の活用を強化する．

能力構築

17.9　「持続可能な開発目標（SDGs）」をすべて実施するための国家計画を支援するために，南北協力，南南協力，三角協力などを通じて，開発途上国における効果的で対象を絞った能力構築の実施に対する国際的な支援を強化する．

貿易

17.10　ドーハ・ラウンド（ドーハ開発アジェンダ = DDA）の交渉結果などを通じ，世界貿易機関（WTO）のもと，普遍的でルールにもとづいた，オープンで差別的でない，公平な多角的貿易体制を推進する．

17.11　2020年までに世界の輸出に占める後発開発途上国のシェアを倍にすることを特に視野に入れて，開発途上国の輸出を大幅に増やす．

17.12　世界貿易機関（WTO）の決定に矛盾しない形で，後発開発途上国から

の輸入に対する特恵的な原産地規則が，透明・簡略的で，市場アクセスの円滑化に寄与するものであると保障することなどにより，すべての後発開発途上国に対し，永続的な無税・無枠の市場アクセスをタイムリーに導入する．

システム上の課題

政策・制度的整合性

17.13　政策協調や首尾一貫した政策などを通じて，世界的なマクロ経済の安定性を高める．

17.14　持続可能な開発のための政策の一貫性を強める．

17.15　貧困解消と持続可能な開発のための政策を確立・実施するために，各国が政策を決定する余地と各国のリーダーシップを尊重する．

マルチステークホルダー・パートナーシップ

17.16　すべての国々，特に開発途上国において「持続可能な開発目標（SDGs）」の達成を支援するために，知識，専門的知見，技術，資金源を動員・共有するマルチステークホルダー・パートナーシップによって補完される，「持続可能な開発のためのグローバル・パートナーシップ」を強化する．

17.17　さまざまなパートナーシップの経験や資源戦略にもとづき，効果的な公的，官民，市民社会のパートナーシップを奨励し，推進する．

データ，モニタリング，説明責任

17.18　2020 年までに，所得，ジェンダー，年齢，人種，民族，在留資格，障害，地理的位置，各国事情に関連するその他の特性によって細分類された，質が高くタイムリーで信頼性のあるデータを大幅に入手しやすくするために，後発開発途上国や小島嶼開発途上国を含む開発途上国に対する能力構築の支援を強化する．

17.19　2030 年までに，持続可能な開発の進捗状況を測る，GDP を補完する尺度の開発に向けた既存の取り組みをさらに強化し，開発途上国における統計に関する能力構築を支援する．

索　　引

著者略歴

黒柳　要次（くろやなぎ　ようじ）

1982 年　広島大学工学部構造工学課程卒業
1982 年　三井造船株式会社プラント設計　環境装置設計担当
1987 年　株式会社長銀総合研究所　主任研究員
1998 年　株式会社イーエムエスジャパン　代表取締役社長
2007 年　株式会社パデセア　代表取締役社長
資格等　JRCA 登録 EMS 主任審査員（A1065）
　　　　環境省登録環境カウンセラー（2001113009）
　　　　エコアクション 21 審査員（081039）中央事務局参与
　　　　東京電機大学　非常勤講師
　　　　東京商工会議所環境社会検定（eco 検定）委員会委員，2006 年
　　　　環境省「環境コミュニケーション大賞」WG 委員，2009 年
　　　　日本規格協会標準化奨励賞受賞，2015 年
著　作　『企業の環境部門担当者のための SDGs をめぐる潮流がサクッとわかる本』
　　　　（日刊工業新聞，2018）
　　　　『企業の環境部門担当者のための ISO 14001 がサクッとわかる本』（日刊工
　　　　業新聞，2016）
　　　　『環境社会検定（eco 検定）ポケット問題集』（技術評論社，2009）
　　　　『食品表示検定認定テキスト・中級』（ダイヤモンド社，2009）
　　　　『環境社会検定（eco 検定）ポイント集中レッスン』（技術評論社，2007）
　　　　『環境社会検定（eco 検定）公式テキスト』（日本能率協会，2006）
　　　　『よくわかるマルチ統合マネジメントシステム』（日刊工業新聞，2004）
　　　　『Q&A でよくわかる ISO 14001 規格の読み方』（日刊工業新聞，2002）
　　　　『中堅・中小企業のための ISO 14001 導入マニュアル』（アーバンプロ
　　　　デュース，1999）
　　　　『ISO 14001 審査登録 Q&A』（日刊工業新聞，1998）
　　　　『ISO 14000's 入門』（PHP 研究所，1997）
　　　　『図解よくわかる ISO 14000』（日刊工業新聞，1995）　他

SDGs を ISO 14001/9001 で実践する

—ケーススタディと事例に学ぶ SDGs と ISO

定価：本体 2,200 円（税別）

2021 年 3 月 2 日　　第 1 版第 1 刷発行

著　　者　黒柳　要次

発 行 者　揖斐　敏夫

発 行 所　一般財団法人 日本規格協会

〒 108-0073　東京都港区三田 3 丁目 13-12　三田 MT ビル
http://www.jsa.or.jp/
振替　00160-2-195146

印 刷 所　日本ハイコム株式会社

制　　作　株式会社 群企画

●当会発行図書，海外規格のお求めは，下記をご利用ください．
JSA Webdesk（オンライン注文）: https://webdesk.jsa.or.jp/
通信販売：電話 (03)4231-8550　FAX：(03)4231-8665
書店販売：電話 (03)4231-8553　FAX：(03)4231-8667

図 書 の ご 案 内

対訳 ISO 14001:2015
（JIS Q 14001:2015）
環境マネジメントの国際規格
［ポケット版］

日本規格協会　編
新書判・264 ページ
定価：本体 4,100 円（税込：4,510 円）

ISO 14001:2015
（JIS Q 14001:2015）
要求事項の解説

ISO/TC 207/SC 1 日本代表委員　ISO/TC 207/SC 1 日本代表委員
環境管理システム小委員会委員長　環境管理システム小委員会委員
吉田　敬史　　・　　奥野麻衣子　共著

A5 判・322 ページ
定価：本体 3,800 円（税込：4,180 円）

効果の上がる
ISO 14001:2015
実践のポイント

吉田　敬史　著
A5 判・206 ページ
定価：本体 2,700 円（税込：2,970 円）

日本規格協会　　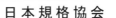 https://webdesk.jsa.or.jp/